中等职业教育精品教材

U0394056

手 机 维 修

主　编　石敦华　蔡小兵　杨秀军

副主编　陈　洪　廖祥林　龚治华

参　编　何　丰　崔永文　刘小波

　　　　刘　连　邱小华　田应炜

主　审　饶昆仑

北京理工大学出版社
BEIJING INSTITUTE OF TECHNOLOGY PRESS

内 容 简 介

本书以培养中职学生职业能力与职业素养为目标，以手机维修岗位工作过程为导向，共分为7章，主要内容包括手机维修中常用的各种仪器的工作原理与使用技巧，智能手机的整机结构、控制过程与电路关系，手机元器件的工作原理、常见故障与维修，手机射频电路、基带电路、电源电路的结构、工作原理与故障维修，并对整机问题及手机常见故障进行了具有针对性的讲解。本书操作性强，通俗易懂，便于学生课上及课后学习，体现"手机维修"课程的职业性、实践性和开放性。

本书可作为中等职业学校电子技术应用专业的教学用书，也可供手机维修从业者和爱好者学习使用。

版权专有　侵权必究

图书在版编目（CIP）数据

手机维修/石敦华，蔡小兵，杨秀军主编. —北京：北京理工大学出版社， 2019.5
ISBN 978-7-5682-6904-9

Ⅰ．①手⋯　Ⅱ．①石⋯②蔡⋯③杨⋯　Ⅲ．①移动电话机-维修-中等专业学校-教材　Ⅳ．①TN929.53

中国版本图书馆 CIP 数据核字（2019）第 066802 号

出版发行／北京理工大学出版社有限责任公司

社　　　址／北京市海淀区中关村南大街 5 号

邮　　　编／100081

电　　　话／（010）68914775（总编室）
　　　　　　（010）82562903（教材售后服务热线）
　　　　　　（010）68948351（其他图书服务热线）

网　　　址／http://www.bitpress.com.cn

经　　　销／全国各地新华书店

印　　　刷／定州市新华印刷有限公司

开　　　本／787 毫米 × 1092 毫米　1/16

印　　　张／6.5　　　　　　　　　　　　　　　责任编辑／陆世立

字　　　数／152 千字　　　　　　　　　　　　文案编辑／陆世立

版　　　次／2019 年 5 月第 1 版　2019 年 5 月第 1 次印刷　　责任校对／周瑞红

定　　　价／21.00 元　　　　　　　　　　　　责任印制／边心超

图书出现印装质量问题，请拨打售后服务热线，本社负责调换

前　　言

随着现代电子技术的快速发展，使用手机等电子产品在我国乃至全世界都已经成为潮流，人均手机保有量逐年增加，市场需求潜力巨大。手机的广泛应用深层次地改变了人们的生活方式。随着用户需求的改变，人们对手机等电子产品的质量、品牌价值提出了更高的要求，这为手机等电子产品的售后服务行业带来了新的发展机会。

进入 21 世纪以来，智能手机已经不仅仅是一种通信工具，它已经成为集消费、娱乐、社交、工作于一体的智能移动终端。目前，我国现代电工行业的人才相对匮乏，新型电子产品维修、自动化控制和电工电子综合技能应用等领域有广阔的就业空间。

本书以实用技巧为重点，以帮助读者完成从初级入门到专业技能的进阶，完善知识体系，增强实操技能。

为达到编写初衷，编者在本书的内容安排上充分考虑当前社会的岗位需求，对实际工作中的案例进行技能拆分，让读者能够充分了解实际工作所需的知识点和技能点，以便有针对性地学习和掌握相关的知识技能。

全书共分为 7 章，第 1 章讲解手机维修中常用的各种仪器的工作原理与使用技巧；第 2 章讲解智能手机的整机结构、控制过程与电路关系；第 3 章讲解手机元器件的工作原理、常见故障及维修方法。通过这三章学习，为读者日后从事手机维修工作奠定了坚实基础。第 4～6 章分别详细讲解手机射频电路、基带电路、电源电路的结构、工作原理与故障维修，让读者充分认识手机主板的各种电路，并能够进行检修；第 7 章对整机问题及手机常见故障进行针对性的讲解。

本书从实际问题出发，从辅助工具的使用入手，介绍基本元器件的检修，讲解手机的硬件及电路问题，分析如何解决整机问题。通过这种方式，让读者能够充分了解手机的运行原理，了解手机故障发生的原因，掌握解决故障的思路。

除了结构的巧妙设计，本书更注重维修技能的培养。所谓知其然更要知其所以然，为了让读者更直观、真实地体验维修过程，书中使用了大量的图片、模拟示意图，图文结合，让知识不再枯燥。

由于编者水平有限，书中难免存在疏漏和不足之处，恳请业界同仁及读者朋友提出宝贵意见和建议。

编　者

目　　录

第 1 章　手机维修常用仪器简介·······························1

　　1.1　指针万用表···1

　　　　1.1.1　指针万用表的结构·······························1

　　　　1.1.2　指针万用表的工作原理···························3

　　　　1.1.3　指针万用表使用注意事项·······················3

　　1.2　数字万用表···4

　　　　1.2.1　数字万用表的结构·······························4

　　　　1.2.2　数字万用表使用注意事项·······················6

　　1.3　电烙铁···6

　　　　1.3.1　电烙铁的分类·································6

　　　　1.3.2　电烙铁的操作·································8

　　　　1.3.3　焊接操作基本方法·······························9

　　1.4　热风焊台···11

　　　　1.4.1　热风焊台的工作原理···························11

　　　　1.4.2　热风焊台面板功能·······························11

　　　　1.4.3　热风焊台使用注意事项·························12

　　1.5　吸锡器···12

　　1.6　稳压电源···12

　　课后练习题···13

第 2 章　智能手机的结构与工作原理···················14

　　2.1　智能手机的外部结构·····································14

　　2.2　智能手机的内部结构·····································15

　　　　2.2.1　显示屏·································16

　　　　2.2.2　主电路板·································18

　　2.3　智能手机的控制过程·····································19

　　2.4　智能手机的电路关系·····································20

　　课后练习题···20

第 3 章　手机元器件检测与维修·······················21

　　3.1　电阻器故障检测与代换···································21

　　　　3.1.1　故障检测·································22

　　　　3.1.2　选配与代换·································23

3.2　电容器故障检测与代换 ···24
　　3.2.1　故障检测 ···25
　　3.2.2　选配与代换 ···26
3.3　电感器故障检测与代换 ···27
　　3.3.1　故障检测 ···27
　　3.3.2　选配与代换 ···28
3.4　晶振故障检测与代换 ···28
　　3.4.1　故障检测 ···29
　　3.4.2　代换 ···30
3.5　二极管与晶体管故障检测 ···30
　　3.5.1　二极管故障检测 ···30
　　3.5.2　晶体管故障检测 ···31
课后练习题 ···32

第4章　手机射频电路的原理与维修 ·······································33
4.1　射频电路的结构原理 ···33
　　4.1.1　接收电路结构 ···34
　　4.1.2　发射电路结构 ···36
　　4.1.3　本振电路结构 ···38
4.2　射频电路的工作原理 ···40
　　4.2.1　2G GSM 电路 ···40
　　4.2.2　BAND 电路 ···42
4.3　射频电路的故障维修 ···45
　　4.3.1　一信三环法 ···45
　　4.3.2　代换法 ···49
　　4.3.3　排除法 ···49
　　4.3.4　关联法 ···49
　　4.3.5　射频电路维修技巧 ·····································49
课后练习题 ···50

第5章　手机基带电路的原理与维修 ·······································51
5.1　基带电路的结构原理 ···51
　　5.1.1　双芯片处理器的组成 ·····································52
　　5.1.2　单芯片处理器的组成 ·····································54
5.2　基带电路的工作原理 ···55
　　5.2.1　模拟基带电路 ···56
　　5.2.2　数字基带电路 ···58

5.3　基带电路的故障维修 ··· 60
　　　5.3.1　对地阻值法 ··· 60
　　　5.3.2　电压法 ··· 61
　　　5.3.3　电流法 ··· 61
　　　5.3.4　基带电路维修技巧 ······································· 63
　　课后练习题 ··· 64

第6章　手机电源电路的原理与维修 ····································· 65
　6.1　手机电源电路的结构 ··· 65
　6.2　手机电源电路的工作过程和原理 ································· 66
　　　6.2.1　电源电路工作过程 ······································· 66
　　　6.2.2　充电电路工作原理 ······································· 67
　　　6.2.3　复位电路工作原理 ······································· 68
　　　6.2.4　降压式变换电路工作原理 ································· 68
　　　6.2.5　模拟多路复用器电路工作原理 ····························· 69
　　　6.2.6　整流滤波电路工作原理 ··································· 69
　6.3　手机电源电路故障维修 ··· 75
　　　6.3.1　电压法 ··· 76
　　　6.3.2　电流法 ··· 77
　　　6.3.3　电池充电故障维修 ······································· 77
　　课后练习题 ··· 78

第7章　手机整机故障诊断与维修 ······································· 79
　7.1　智能手机整机故障 ··· 79
　　　7.1.1　智能手机故障分类 ······································· 79
　　　7.1.2　智能手机整机故障检修流程 ······························· 81
　7.2　不开机故障诊断与维修 ··· 82
　7.3　不入网故障诊断与维修 ··· 83
　　　7.3.1　SIM卡故障判别 ·· 85
　　　7.3.2　卡电路的维修方法 ······································· 86
　7.4　显示屏故障诊断与维修 ··· 87
　　　7.4.1　显示屏成像原理 ··· 87
　　　7.4.2　显示故障诊断 ··· 90
　　　7.4.3　显示故障维修 ··· 91
　　　7.4.4　显示故障检修思路 ······································· 93
　　课后练习题 ··· 93

参考文献 ··· 94

第1章　手机维修常用仪器简介

（1）了解手机维修常用仪器的结构及功能。

（2）熟练掌握万用表、电烙铁、热风焊台、吸锡器、稳压电源的使用方法。

（3）牢记检测、维修工具使用时的注意事项。

工欲善其事，必先利其器。在讲解具体手机元器件及主板维修、检测之前，首先要学会故障检测工具及维修工具的使用方法。本章将详细讲解指针/数字万用表、电烙铁、热风焊台、吸锡器、稳压电源的使用方法，为后续实训技能的学习夯实基础。

1.1　指针万用表

指针万用表的种类很多，不同指针万用表的外形及结构差异很大，但基本原理和使用方法是一样的。

1.1.1　指针万用表的结构

指针万用表主要由表头、功能选择开关和测量电路等组成，外配两只测量用的表笔。表头是一种高灵敏度的电流计，采用磁电式机构，配有指针及带各种刻度线的表盘，是测量的显示装置。

1. 功能选择开关

指针万用表的功能选择开关是一个带有箭头指示的多挡位旋转开关，用来选择测量功能和量程。一般指针万用表具有测量直流电压、交流电压、电阻的功能。这三项是绝大多数指针万用表具有的功能，所以也有人将指针万用表称为"三用表"。指针万用表的每个测量功能又划分为几个不同的量程，以适应不同的被测对象。

不同指针万用表具有的测量功能也不一样，下面以 MF-47 型指针万用表为例进行说明。

图 1-1 所示为 MF-47 型指针万用表的外形。该万用表就是一款性能不错的万用表，它可以量直流电流、直流电压、交流电压、电阻值、电容值、晶体管等多种物理量。

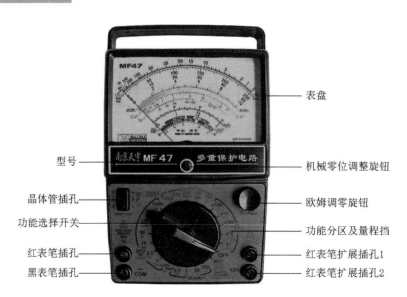

图 1-1　指针万用表的外形

（1）电阻挡：有"×1Ω""×100Ω""×1kΩ""×10kΩ"4 个量程挡，有些指针万用表还有一个"×100kΩ"量程挡。

（2）直流电压挡：有"0.25V""1V""2.5V""10V""50V""250V""500V""1000V"8 个量程挡。

（3）交流电压挡：有"1000V""500V""250V""50V""10V"5 个量程挡，其中，"10V"交流电压挡是测量电容值、电感值及分贝值的公用挡。

（4）直流电流挡：有"5A""500mA""50mA""5mA""0.5mA""0.05mA"6 个量程挡，其中，"0.05mA"直流电流挡与"0.25V"直流电压挡共用。

2. 表盘

表盘上有指针、刻度线和数值，并有多种符号。若表盘上印有符号"A-V-Ω□，则表示这只万用表是可以测量电流、电压和电阻的多用表。表盘上印有多条刻度线，其中，最上端的刻度线是电阻阻值刻度线，其右端为"0"，标有"Ω"符号，左端为"∞"，刻度值分布是不均匀的；用符号"—"或"DC"指示的刻度线为直流电压刻度线；用符号"～"或"AC"指示的刻度线为交流电压刻度线；"$\overset{V}{\sim}$"表示交流和直流共用的刻度线；"mA"表示毫安刻度线。刻度线下的几行数字是与功能选择开关不同挡位相对应的刻度值。

在不使用时，指针万用表指针停在表盘最左端"0"位置处。在测量时，指针在电流产生的磁力作用下向右偏转。指针偏转经过的路程称为行程。指针从左端"0"处偏转到刻度线右端点所经历的路程称为满行程。

表头上有机械零位调整旋钮，用以校正指针停在左端"0"位置（一般万用表在出厂前已校好）。在受剧烈振动后，万用表指针可能偏离零位，可通过机械零位调整旋钮使其处于零位。

3．欧姆调零旋钮

欧姆调零旋钮用于在测量电阻时，消除万用表本身的测量误差。

4．表笔插孔

在指针万用表上有两个表笔插孔：一个为黑表笔插孔，用"COM"或"−"表示；另一个为红表笔插孔，用"V"或"+"表示。表笔分为红、黑两种，使用时，应将红表笔插入标有"+"号的插孔，黑表笔插入标有"−"号的插孔。另外，指针万用表有两个表笔扩展插孔。表笔扩展插孔是专用插孔，一个是用于测量大于 5A 电流的红表笔插孔，即红表笔扩展插孔 2；另一个用于是测量高电压的红表笔插孔，即红表笔扩展插孔 1。在测量高电压时红表笔必须插入红表笔扩展插孔 1，黑表笔仍插在有"−"号的插孔。

5．晶体管插孔

晶体管插孔专门用来测量晶体管的放大倍数 h_{FE}。

6．测量电路

测量电路是万用表的内部电路，它将不同性质和大小的被测电量转换为表头所能接受的直流电流，同时产生磁力，用于推动指针偏转。

1.1.2　指针万用表的工作原理

1．电阻测量原理

指针万用表内置两块电池，一块是 5 号的 1.5V 通用电池，另一块是 9V 层叠电池（也有用 15V 的）。在测量电阻时，将功能选择开关拨到欧姆挡，当两只表笔分别接触被测对象的两端点（如一根导线两端）时，由万用表内置电池、外接的被测电阻、内部测量电路和表头部分共同组成闭合电路，电池形成的电流就会使表头的指针偏转。电流与被测电阻不呈线性关系，所以表盘上电阻阻值刻度线的刻度是不均匀的，而且是反向的。刻度线的刻度从右向左表示被测电阻阻值逐渐增大，阻值越大，指针偏转的幅度越小；阻值越小，指针偏转的幅度越大。这与万用表其他数值刻度线正好相反，在读数时应注意。

2．电压测量原理

测量直流电压，当把表笔接到被测电路时，被测电路中的电压（电能）通过表笔接通万用表内部电路，形成电流通过表头，从而驱动指针偏转。

1.1.3　指针万用表使用注意事项

使用指针万用表时应注意：

（1）测量电流与电压时不能选错挡位。如果误用电阻挡或电流挡去测电压，则极易烧坏电表。万用表不用时，最好将功能选择开关交流电压最高挡，避免因使用不当而损坏万用表。

（2）测量直流电压和直流电流时，应注意"+""-"极性，不要接错。如果发现指针反转，则应立即调换表笔，以免损坏指针及表头。

（3）如果不知道被测电压或电流的大小，应先用最高挡，然后选用合适的挡位来测试，以免指针过度偏转损坏表头。所选用的挡位越靠近被测值，测量的数值越准确。

（4）测量电阻时，不要用手接触元件的两端（或两只表笔的金属部分），以免人体电阻与被测电阻并联，使测量结果不准确。

（5）测量电阻时，如将两只表笔短接，欧姆调零旋钮调至最大，指针仍然不能达到零位，通常是由于表内电池电压不足造成的，应换上新电池方能准确测量。

1.2　数字万用表

数字万用表具有直观的数字显示功能及较高的测量精度，有些数字万用表还具有语音提示功能。它除了能完成指针万用表的测量功能外，还可以测量小容量电容器、电感、信号频率、温度等。因此，数字万用表越来越受到电子爱好者的青睐。

1.2.1　数字万用表的结构

数字万用表的种类较多，图 1-2 所示为 DT9208A 型数字万用表。本书以此种数字万用表为例介绍数字万用表的结构。

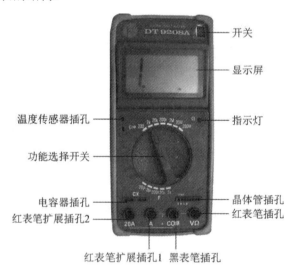

图 1-2　数字万用表的外形

如图 1-2 所示，DT9208A 型数字万用表的面板主要由显示屏、开关、功能选择开关、表笔插孔、表笔扩展插孔、电容器插孔、晶体管插孔、温度传感器插孔、指示灯等组成。

1．显示屏

显示屏是数字万用表的特有部件，用于以数字形式显示测量结果，使数据读取直观方便。不同的数字万用表，能显示的数字位数不同。

2．开关

数字万用表大多有开关，可以在不使用时关闭数字万用表，以节约表内电池电量。

3．功能选择开关

同指针万用表一样，数字万用表的功能选择开关用来选择测量功能。在它的周围用数字标示出功能区及量程。数字万用表的测量功能比较多，主要有电阻测量、交/直流电压测量、电容测量、交/直流电流测量、二极管测量、晶体管放大倍数测量、逻辑电平测量、频率测量等。每个功能区下又分出不同量程，以适应被测量对象的性质与大小。其中，"ACV"表示测量交流电压的挡位；"DCV"表示测量直流电压的挡位；"ACA"表示测量交流电流的挡位；"DCA"表示测量直流电流的挡位；"（R）"表示测量电阻的挡位；"hFE"表示测量晶体管放大倍数的挡位。

4．表笔插孔

表笔插孔的功能同指针万用表。

5．表笔扩展插孔

表笔扩展插孔共有两个，但都是用来测量电流的红表笔插孔，一个用来测量 5A 以下的电流，另一个用来测量 20A 以下的电流。

6．电容器插孔

数字万用表大多具有测量小容量电容器的功能。测量电容器容量时，要将电容器的两个引脚插入该插孔。

7．晶体管插孔

晶体管插孔专门用来测量晶体管的 h_{FE} 值。

8．温度传感器插孔

测量温度是某些数字万用表具有的一种功能。有该功能的数字万用表在出售时配有一个传感器，测量温度时，将传感器引脚插入该插孔即可。

9．指示灯

DT9208A 型数字万用表有测量二极管的功能。当功能选择开关旋至二极管挡时，若红表笔与黑表笔之间的电阻值小于 70Ω，该指示灯亮，同时表内蜂鸣器电路工作，发出长鸣声响。使用数字万用表其他测量功能时，该指示灯均不亮，蜂鸣器不发声。

1.2.2 数字万用表使用注意事项

使用数字万用表时，应注意：

（1）测量前要明确目的，不可盲目测量。

（2）测量时，不能用手触摸表笔的金属部分，以保证安全和测量的准确性。

（3）测直流电量时，要注意被测电量的极性，避免指针反转而损坏表头。

（4）测量较高电压或大电流时，不能带电转动功能选择开关，避免开关因触点产生电弧而被损坏。

（5）不允许带电测量，否则会烧坏万用表。

（6）万用表内电池的正极与面板上红表笔插孔相连，电池的负极与面板上黑表笔插孔相连。

（7）不允许用万用表电阻挡直接测量高灵敏度表头内阻，以免烧坏表头。

（8）测量高值电阻时，不要用两只手捏住表笔的金属部分，否则会将人体电阻并联接入被测电阻而引起测量误差。

（9）测量完毕后，拔出表笔，关掉开关。若长期不用，应将表内电池取出，以防电池电解液渗漏而腐蚀内部电路。

1.3　电　烙　铁

电烙铁是通过溶解锡进行焊接修理时必备的工具，主要用来焊接手机元器件间的引脚。常用电烙铁如图 1-3 所示。

图 1-3　常用电烙铁

1.3.1　电烙铁的分类

电烙铁的种类比较多，常用的电烙铁分为外热式电烙铁、内热式电烙铁、恒温式电烙铁和吸锡式电烙铁等几种。

1．外热式电烙铁

外热式电烙铁由烙铁头、烙铁芯、外壳、电源引线、插头等部分组成，因其烙铁头安装在烙铁芯里而得名，如图 1-4 所示。

外热式电烙铁的烙铁头一般由纯铜材料制成，它的作用是储存和传导热量。使用时，烙铁头的温度必须高于被焊接物的熔点。烙铁头的温度取决于烙铁头的体积、形状和长短。另外，为了适应不同的焊接要求，有不同形状的烙铁头，常见的有锥形、凿形、圆斜面形等。

2．内热式电烙铁

内热式电烙铁因其烙铁芯安装在烙铁头里而得名，如图 1-5 所示。

图 1-4　外热式电烙铁　　　　　　图 1-5　内热式电烙铁

内热式电烙铁有手柄、连接杆、弹簧夹、烙铁芯、烙铁头 5 部分组成。内热式电烙铁相比于外热式电烙铁发热更快，并且热利用率较高，一般能够达到 350℃。此外，它的体积更小，耗电量也相对较小，所以应用更为普遍。

3．恒温式电烙铁

恒温式电烙铁的烙铁头内一般装有电磁铁一类的温度控制器，通过温度控制器调整通电时间，用以实现温度控制，如图 1-6 所示。

4．吸锡式电烙铁

吸锡式电烙铁是将活塞式吸锡器与电烙铁融为一体的一种焊接工具，如图 1-7 所示。

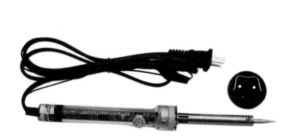
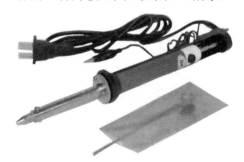

图 1-6　恒温式电烙铁　　　　　　图 1-7　吸锡式电烙铁

1.3.2 电烙铁的操作

1.焊接辅助材料

电烙铁使用时的辅助材料主要有焊锡和助焊剂两种。锡材料因为熔点较低、导电能力强，因此电路板焊接的焊料多为锡基合金；助焊剂的作用在于能够清除金属表面的氧化物，不仅能够保护烙铁头，还能够清除金属表面的氧化物，如图1-8所示。

图1-8　焊锡与松香助焊剂

2.焊接操作姿势

手工锡焊接技术是手机主板维修的一项基本功，即使是在大规模的生产条件下，手机维修与维护也必须使用手工焊接。因此，掌握电烙铁的使用方法尤为重要。

（1）反握法

反握法动作稳定，不易使人产生疲劳，适合长时间操作，大功率电烙铁一般使用反握法进行焊接操作，如图1-9所示。

（2）正握法

正握法适用于中等电烙铁或带有弯头的电烙铁，如图1-10所示。

（3）握笔法

握笔法适用于微型焊接，一般在电路板焊制中使用握笔法，如图1-11所示。

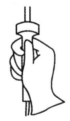

图1-9　反握法　　　　　　图1-10　正握法　　　　　　图1-11　握笔法

此外，为了减少焊剂加热时挥发出的化学物质对人体产生危害，通常来说，电烙铁与鼻子的距离应不小于20cm。

1.3.3 焊接操作基本方法

焊接电路板一般分为焊前处理、焊接、检查焊接质量 3 个步骤。

1. 焊前处理

焊前处理主要包括焊盘处理和元器件引脚处理两部分。

处理焊盘时，将印制电路板焊盘铜箔用细砂纸打光后，在铜箔上均匀地涂一层松香酒精溶液。若是已焊接过的印制电路板，则应将各个焊孔扎通（可用电烙铁融化焊点焊锡后，趁热用针将焊孔扎通）。

进行元器件引脚处理时，先用小刀或细砂纸轻微刮擦，然后给每个元器件引脚分别镀锡。

2. 焊接

焊接时，先准备好被焊件、焊锡、电烙铁等工具，并清洁烙铁头，然后预热电烙铁，最后进行元器件引脚与焊盘的焊接，具体步骤如图 1-12 所示。

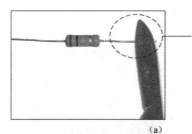

对引线进行校直，使其引线没有凹凸为止。清洁直插式元器件的表面（可以用酒精或电工刀）

（a）

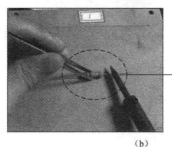

将元器件的引线浸蘸助焊剂，然后使用电烙铁将元器件引线加热，将锡熔到引线上。

（b）

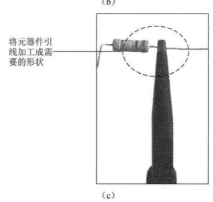

将元器件引线加工成需要的形状

（c）

图 1-12 焊接处理步骤

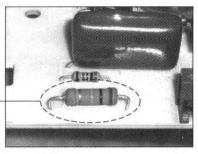

将元器件插入电路板中。插入时元器件安装高度应符合规定要求,同一规格的元器件应尽量安装在同一高度上

(d)

给元器件引脚和焊盘加热1~2s后,这时仍保持电路铁头与它们的接触,同时向焊盘送焊锡丝,随着焊锡丝的熔化,焊盘上的锡将会注满整个焊盘并堆积起来,成型焊点

加热的电烙铁上锡,并用左手拿焊锡丝,右手握电烙铁,给元器件引脚和焊盘同时加热。加热时,烙铁头要同时接触焊盘和引脚。注意一定要接触到焊盘

(e)

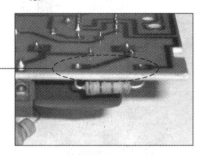

在焊盘上形成焊点后,先将焊锡丝移开,电烙铁在焊盘上停留片刻,然后迅速移开,使焊锡在熔化状态下恢复自然形状。电烙铁移开后要保持元器件、电路板不动

(f)

元器件引脚尽量伸出焊点之外,锡和被焊物熔合牢固。不应有"虚焊"和"假焊"

(g)

图 1-12 焊接处理步骤(续)

1.4　热风焊台

热风焊台是一种常用于电子焊接的手动工具，主要由气泵、线性电路板、气流稳定器、外壳、手柄组件和风枪组成。热风焊台通过给焊锡供热，使其熔化，从而为焊接或分离元器件与电路板提供便利。常用热风焊台如图 1-13 所示。

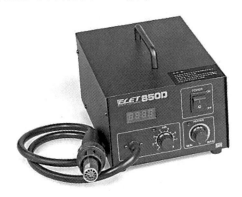

图 1-13　常用热风焊台

1.4.1　热风焊台的工作原理

热风焊台的工作原理比较简单，它的内部类似一个电热炉，用一把小风扇将电热丝产生的热量以风的形式送出。在风枪口有一个传感器，对吹出的热风温度进行取样，再将热能转换成电信号来实现热风的恒温控制和温度显示。热风焊台配有大小不等的风枪口喷头，可以根据使用的具体情况来选择喷头的大小。

现在市场上有些热风焊台未加过零电路，虽然可以正常工作，但是从技术上讲不是很安全。在热风焊台中加入过零电路的目的就是使电路中的晶闸管在交流电过零处导通，以避免晶闸管在正半周或负半周高电平处导通产生过高的冲击脉冲波，对电源产生污染，并且对并联在电路中的其他用电设备产生影响。

1.4.2　热风焊台面板功能

热风焊台的面板下侧有一个风量调节旋钮，顺时针旋转可以使风枪口输出的风量变大，逆时针旋转则使风量减小。风量的调节共有 1～8 共 8 个挡位，在同一温度（指显示温度）下，风量越小，风枪口送出的实际温度越高，反之则越低。

面板右侧下方是温度调节旋钮，可调范围为 100～480℃，顺时针旋动温度调节旋钮，可以提高热风焊台输出的温度。面板右侧上方有一个显示屏，用以显示当前风枪口送出的实际温度，按下显示屏右侧的按钮后可在显示屏显示设定的温度。

1.4.3 热风焊台使用注意事项

使用热风焊台时应注意:

(1) 焊接中,热风焊台前端的网孔不得接触金属导体,否则会导致发热体损坏甚至触电。

(2) 使用后注意冷却机身,关闭电源开关后不得迅速拔掉电源,应等到发热管吹出的短暂冷风结束,否则会影响热风焊台的使用寿命。

1.5 吸 锡 器

吸锡器是拆除电子元器件时,用来吸收引脚焊锡的一种工具,有手动吸锡器和电动吸锡器两种。

吸锡器如图 1-14 所示,是维修拆卸电子元器件必需的工具,特别是集成电路,如果拆除时不使用吸锡器,很容易损坏电路板。吸锡器一般分为自带热源吸锡器和不带热源吸锡器两种。

图 1-14 吸锡器

自带热源吸锡器的使用方法如下:

(1) 将吸锡器后部的活塞杆按下。

(2) 打开吸锡器上的加热开关,给元器件的焊锡点加热,直到焊锡点的锡熔化。

(3) 等焊点上的锡熔化后,将吸锡器的嘴对准熔化的焊点,按下吸锡器上的吸锡按钮,元器件上的锡就会被吸走。

不带热源吸锡器的使用方法如下:

(1) 将吸锡器后部的活塞杆按下。

(2) 用右手拿电烙铁将元器件的焊锡点加热,直到元器件上的锡熔化。

(3) 等焊点上的锡熔化后,用左手拿吸锡器,将吸锡器的嘴对准熔化的焊点,按下吸锡器上的吸锡按钮,元器件上的锡就会被吸走。

1.6 稳 压 电 源

在手机的维护与维修中,很多电路及元器件需要在通电状态下进行检测,直流稳压电源是不可或缺的工具,如图 1-15 所示。

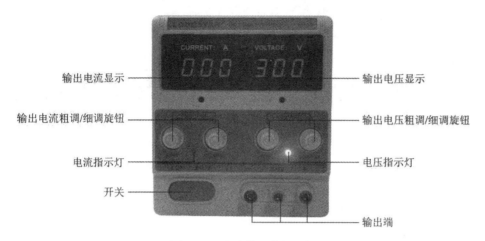

图 1-15　直流稳压电源面板

注意事项：

（1）不同类型智能手机要求的电压也不同。因此，在调节直流稳压电源的电压值时，应根据手机标称额定电压值进行操作。

（2）通常情况下，应先调整直流稳压电源电压，再将电源线接到手机上，以免烧坏手机。

（3）不同类型的智能手机采用的接口也不同，因此要选用符合手机类型的电源接口。

（4）加电源时，应先接电源负极，后接电源正极；在取下电源时，应先取下电源正极，后取电源负极。

课后练习题

1. 使用指针万用表和数字万用表测量直流电流和交流电压。
2. 使用电烙铁在电路板上焊接一个电容器，并拆下。
3. 用热风焊台和吸锡器拆卸一个带有电子元器件的电路板。
4. 根据电池参数，用直流稳压电源代替手机电池供电，让手机正常启动。

第2章　智能手机的结构与工作原理

（1）熟悉手机模块的组成结构。

（2）熟悉手机内部各功能模块的工作原理。

（3）对手机结构有全面的认识，能够形成一个基本、系统的整体手机结构理论框架。

　　智能手机（smart phone）同传统手机外观和操作方式类似，不仅包含触摸屏手机，还包含非触摸屏数字键盘手机和全尺寸键盘操作手机。但是，传统手机都使用的是生产厂商自行开发的封闭式操作系统，所能实现的功能非常有限，不具备智能手机的扩展性。智能手机这个说法主要是针对功能手机（feature phone）而言的，本身并不是真正的智能。了解智能手机的结构对手机维修来说至关重要。

2.1　智能手机的外部结构

　　智能手机具有独立的操作系统，可通过移动通信网络接入无线网络，并且能够安装多种第三方应用程序，在通信设备的基础上，对手机功能进行了大幅度扩充。智能手机的种类和样式繁多，当前火爆的无疑是全面屏手机，如图 2-1 所示。

图 2-1　全面屏智能手机

　　通过对不同设计风格的手机进行对比，可以看出，无论哪一种设计风格的智能手机，都具有显示屏、摄像头、听筒、传声器、扬声器、耳机插孔、HDMI 插孔，有的还有键盘、存储卡插槽等，如图 2-2 所示。

　　现在市面上绝大多数的智能手机是直板式智能手机，直板式智能手机也是当今手机制造商主流的设计方式。其中，键盘采用屏幕嵌入式；摄像头通常位于手机上方，正面与背面各一个；机身造型简单，一般只保留音量加、减键，开、关机键，电源接口、耳机插孔、SIM 插孔（有的还包含储存卡插口）等都位于机身的侧面。

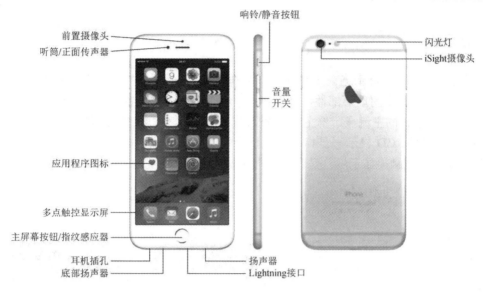

前置摄像头

听筒/正面传声器

响铃/静音按钮

闪光灯

iSight摄像头

音量
开关

应用程序图标

多点触控显示屏

主屏幕按钮/指纹感应器

耳机插孔

底部扬声器

扬声器

Lightning接口

图 2-2　智能手机结构组成

2.2　智能手机的内部结构

智能手机内部结构相对复杂，主要由显示屏、主电路板、电池、屏蔽罩等构成，如图 2-3 所示。

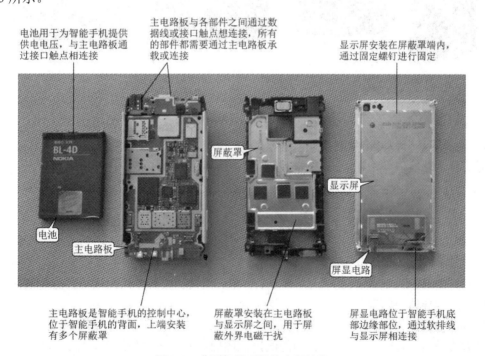

电池用于为智能手机提供供电电压，与主电路板通过接口触点相连接

主电路板与各部件之间通过数据线或接口触点想连接，所有的部件都需要通过主电路板承载或连接

显示屏安装在屏蔽罩端内，通过固定螺钉进行固定

屏蔽罩

显示屏

电池

主电路板

屏显电路

主电路板是智能手机的控制中心，位于智能手机的背面，上端安装有多个屏蔽罩

屏蔽罩安装在主电路板与显示屏之间，用于屏蔽外界电磁干扰

屏显电路位于智能手机底部边缘部位，通过软排线与显示屏相连接

图 2-3　典型智能手机的内部结构

2.2.1 显示屏

显示屏是智能手机显示当前工作状态（如电量信号强度、时间/日期、工作模式等状态信息）或输入人工指令的重要部件，位于智能手机正面的中央位置，是人机交互最直接的窗口。目前，智能手机的主流显示屏主要可分为两大类，即普通 LCD 显示屏和 TP 显示屏，如图 2-4 所示。普通 LCD 显示屏是指不带触摸功能的显示屏，通常应用于一些老式智能手机中；TP 显示屏俗称触摸显示屏，是当下智能手机的主流。

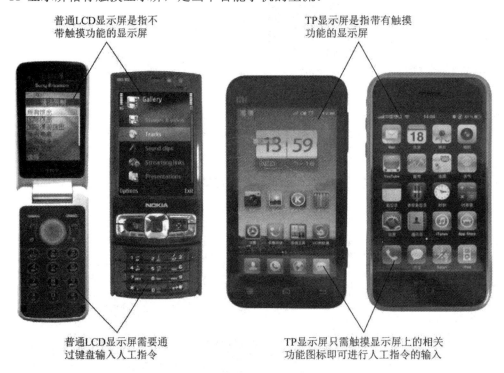

普通LCD显示屏是指不带触摸功能的显示屏

TP显示屏是指带有触摸功能的显示屏

普通LCD显示屏需要通过键盘输入人工指令

TP显示屏只需触摸显示屏上的相关功能图标即可进行人工指令的输入

图 2-4　显示屏

TP 显示屏是一种可接受触摸输入信号的感应式液晶显示部件，TP 显示屏除了具有 LCD 显示屏的显示功能以外，还能够通过触摸为智能手机输入人工指令。

1. 普通 LCD 显示屏的构造

普通 LCD 显示屏主要由液晶显示板、背部光源和屏显电路组成，如图 2-5 所示。

1）液晶显示板

液晶显示板主要用于显示视频、图像等，它是由很多整齐排列的像素单元构成的。每个像素单元均由 R、G、B（红、绿、蓝）3 个基色单元组成。像素单元的核心部分是液晶体（液晶材料）及半导体控制器件。

2）背部光源

LCD 显示屏本身是不具备发光功能的，在图像信号电压的作用下，LCD 显示屏不同部位的透光性不断调整，每一帧图像相当于一幅电影胶片，在光照的条件下才能看到图像，因此 LCD 显示板的背部都设有一个对应形状的光源，背部光源由光扩散膜、导光板、LED 背光灯和反光板组成。

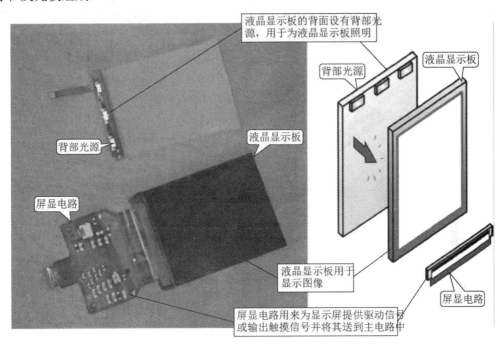

图 2-5　普通 LCD 显示屏的构造

3）屏显电路

屏显电路主要处理接收来自智能手机主电路板送来的图像数据信号，并将数据信号通过显示屏排线接口插座送到显示屏，使显示屏显示相关的数据信息。

2. TP 显示屏的构造

TP 显示屏的构造与普通 LCD 显示屏类似，只是在普通 LCD 显示屏的基础上增加了一块触摸交互板，通过数据线与普通 LCD 显示屏或控制电路进行连接，从而通过触摸交互板为智能手机输入人工指令。

TP 显示屏的种类有很多，有电阻式 TP 显示屏、电容式 TP 显示屏、红外线式 TP 显示屏、表面声波式 TP 显示屏等。市场上流行的 TP 显示屏主要为电容式 TP 显示屏。

电容式 TP 显示屏是利用人体的电流感应原理实现屏幕交互功能的。采用电容式 TP 显示屏的手机，用户可以通过手指肚（或身体其他裸露部位的表皮部分）在屏幕上进行触摸操作，然后利用人体的电场与屏幕表面产生的电流感应完成交互过程。

电容式 TP 显示屏结构精密，为得到良好的保护效果，在电容式 TP 显示屏的外层都会安装保护玻璃，因此这种屏幕质地坚硬，俗称硬屏。其主要特点是交互操作十分方便，虽然受人体因素影响，精度不高，且受温度、湿度等环境因素影响较大，但这种 TP 显示屏可以支持多点触摸技术，这使它的交互功能更加灵活、多样。目前，很多智能手机采用电容式

TP 显示屏。

如图 2-6 所示，电容式 TP 显示屏在两层玻璃基板内镀有特殊金属导电涂层，并且在显示屏四周设有电极。当手指肚与电容式 TP 显示屏接触时，人体自身电场与屏幕表面就形成了耦合电容，屏幕四周就会输出相应的电流信号，这时，控制电路便会根据电流比例及强弱准确计算出触摸点的交互位置。

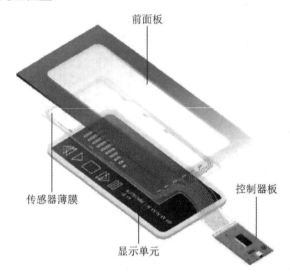

图 2-6　电容式 TP 显示屏的构造

2.2.2　主电路板

智能手机的主电路板是智能手机中非常重要的部件，它位于智能手机的背面，与各部件之间通过数据线或接口触点相连接，如图 2-7 所示。智能手机的绝大多数需要通过主电路板承载或连接。

图 2-7　智能手机主电路板的安装位置

智能手机的主电路板结构复杂，手机信号的输入、处理、发送及整机的供电、控制等工作都需要主电路板来完成。

2.3　智能手机的控制过程

智能手机的控制过程主要分为手机信号接收控制过程、手机信号发送控制过程和手机其他功能控制过程。

实现手机信号接收、发送及其他功能的控制，都需要由电源电路为其各功能部件提供所需的直流电压，这样智能手机才能够正常工作。

智能手机的电路集成度很高，为了便于理解智能手机的信号处理过程，通常根据电路的功能特点将智能手机划分为 7 个单元电路模块，即射频电路、语音电路、微处理器（microprocessor）及信号处理电路、电源及充电电路、操作及屏显电路、接口电路、其他功能电路。各电路之间相互配合、协同工作，如图 2-8 所示。

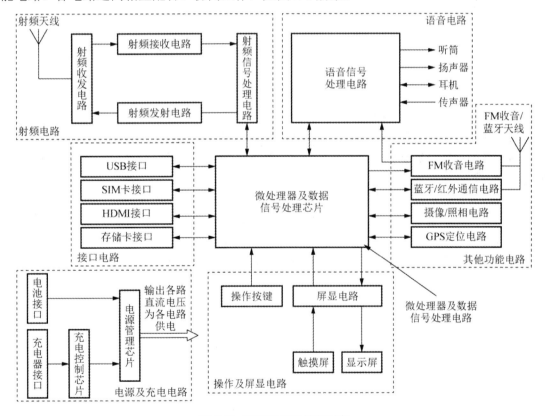

图 2-8　智能手机的控制过程

智能手机信号的发送流程如下：

（1）手机信号由射频电路中的射频天线送入智能手机中。

（2）射频电路对信号进行选择、放大、滤波、频率变换、解调后送往语音电路。

（3）语音电路处理后的语音接收信号送入微处理器及数据信号处理电路中进行处理，然后送回语音电路。

（4）语音电路进行音频放大、数/模（D/A）转换处理，处理后的信号经由听筒，驱动听筒发声。

智能手机信号的接收流程如下：

（1）声音经过传声器送往语音电路中进行放大、模/数（A/D）转换，处理后的信号发往微处理器及数据处理电路。

（2）语音电路处理后的语音信号送入微处理器及数据处理电路中进行处理，然后送回语音电路。

（3）语音电路进行解码处理后的语音发送信号送往射频电路。

（4）语音发送信号经由射频电路进行调制、滤波、射频放大、功率放大等处理后，送往射频收发电路，经射频天线发射出去。

2.4　智能手机的电路关系

在智能手机控制过程中，各个电路单元协调工作。智能手机在工作时，内部的各个电路都起到至关重要的作用，主要如下：

（1）射频电路主要用于完成手机信号的接收和发送。

（2）语音电路主要用于对接收或发射的语音信号进行转换及音频信号的处理，用户可通过听筒、扬声器或耳机听到声音或通过天线将语音信号发射出去。

（3）微处理器及数据信号处理电路是整机的控制核心，各种控制信号都是由该电路输出的。

（4）电源及充电电路主要用于为各单元电路提供所需的工作电压。

（5）操作及屏显电路主要用于对智能手机相关功能的控制及显示。

（6）接口电路主要用于与外部设备的连接，从而实现数据交换。

（7）其他功能电路为智能手机提供扩展功能，如 FM 收音电路、摄像/照相电路、蓝牙/红外电路等。

课后练习题

1. 简述智能手机的外部结构。
2. 简述手机显示屏的种类，并说出它们的异同点。
3. 手机信号接收过程需要哪几种电路的参与？它们分别起什么作用？

第3章　手机元器件检测与维修

（1）能够识别并熟悉电子元器件的参数。

（2）熟悉并掌握电阻器、电容器、电感器、晶振、二极管、晶体管的故障检测流程。

（3）充分掌握电子元器件代换技巧。

手机的电路板都是由不同功能和特性的电子元器件组成的，掌握常见电子元器件的检修方法是学习手机维修技术的必修课。硬件电路板中常见电子元器件主要包括电阻器、电容器、电感器、二极管、晶体管、场效应管及稳压器等。本章主要介绍如何使用万用表等仪器判断手机元器件的好坏。

3.1　电阻器故障检测与代换

电阻器简称电阻，是对电流流动具有一定阻抗作用的电子元器件，其在各种供电电路和信号电路中都有十分广泛的应用。

电阻器通常用大写英文字母 R 表示。热敏电阻器通常用大写英文字母 RT 表示。保险电阻通常用大写英文字母 RX、RF、FB、F、FS、XD 或 FU 等表示。排电阻器通常用 RN 或 ZR 表示。

描述电阻器阻值大小的基本单位为欧姆（Ω）。此外，还有千欧（kΩ）和兆欧（MΩ）两种单位，它们之间的换算关系为 1kΩ =1000Ω，1MΩ =1000kΩ。

电阻器的种类很多，具体分类如下：

（1）根据材料可分为线绕电阻器、膜式电阻器及碳质电阻器等。

（2）按用途可分为高压电阻器、精密电阻器、高频电阻器、熔断电阻器、大功率电阻器及热敏电阻器等。

（3）根据特性和作用可分为固定电阻器和可变电阻器两大类。固定电阻器是阻值固定不变的电阻器，主要包括碳膜电阻器、碳质电阻器、金属电阻器及线绕电阻器等；可变电阻器又称电位器，是阻值在一定范围内连续可调的电阻器。

（4）根据外观形状可分为圆柱形电阻器、纽扣电阻器和贴片电阻器等。

智能手机电路板上应用最多的电阻器为贴片电阻器。图 3-1 所示为电阻器的电路符号，

图 3-2 所示为电路板上的常用电阻器。

图 3-1　电阻器的电路符号

图 3-2　电路板上的常用电阻器

3.1.1　故障检测

相对于其他元器件的检测来说，电阻器的检测要简单许多，将指针万用表调至欧姆挡，红、黑表笔分别与电阻器引脚相接，读数即为电阻器的实际电阻值。电阻器故障检测的注意事项如下：

（1）将指针万用表调至欧姆挡后，要先调零。

（2）电阻器没有极性限制，表笔可以接在电阻器任意一端，但要注意选用合适的量程。

（3）如果检测结果不能确定测量的准确性，可以将电阻器从电路中暂时拆下，开路测量阻值。

（4）根据电阻器误差等级不同，算出误差范围，若实际值超过标准值，则该电阻器不能继续使用，反之，可以继续使用。

此外，熔断电阻器可以通过观察外观检测故障，若发现熔断电阻器表面烧焦或发黑（常伴有烧焦气味），即可判断熔断电阻器烧毁。在电路中，多数熔断电阻器的短路故障可以按上述方法检测。

此外，测量阻值同样可以进行故障检测，若阻值无穷大，则熔断电阻器已经断路；若阻值接近于 0，则熔断电阻器基本正常。

贴片排电阻器由多个贴片电阻器组成，其故障检测需要注意测量阻值。

（1）将贴片排电阻器所在的供电电源断开，如果测量主板 CMOS 电路中的贴片排电阻器，还应把 CMOS 电池卸下。对贴片排电阻器进行观察，如果有明显烧焦、虚焊等情况，基本可以锁定故障。如果待测贴片排电阻器外观上没有明显问题，则根据贴片排电阻器的标称电阻读出电阻器的阻值，如本次测量的贴片排电阻器有 4 个贴片电阻器，标称为 103，即它的阻值为 10kΩ（$10 \times 10^3 \Omega$）。也就是说，它的 4 个贴片电阻器的阻值都是 10kΩ。

（2）清理待测电阻器各引脚的灰尘，如果有锈渍可拿细砂纸打磨一下，否则会影响检测结果。如果问题不大，拿纸巾轻轻擦拭即可。

（3）清洁完毕后就可以开始测量了。首先根据贴片排电阻器的标称阻值调节万用表的量程（如贴片排电阻器标称阻值为 10kΩ，则量程选择在×20kΩ）。将黑表笔插入 COM 孔，红表笔插入 VΩ孔。

（4）将万用表的红、黑表笔分别搭在贴片排电阻器第一组（从左侧记）对称的焊点上，观察万用表显示的数值，记录测量值；接下来将红、黑表笔互换位置，再次测量，记录第二次测量值，取较大值作为参考。

（5）用上述方法分别对第二～四个贴片电阻器进行测量，记录测量值。

（6）若 4 次测量值接近标准值，则该贴片排电阻器可正常使用。

3.1.2　选配与代换

1. 固定电阻器

普通固定电阻器损坏后，一般可以使用相同阻值、功率的金属膜电阻器（图 3-3）或碳膜电阻器（图 3-4）进行替换。

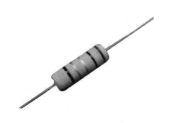

图 3-3　金属膜电阻器　　　　图 3-4　碳膜电阻器

碳膜电阻器损坏后，同样可以使用额定功率、额定阻值相同的金属膜电阻器代换。

若没有相同规格的电阻器进行更换，也可使用串联、并联电阻器做紧急处理，但要保证代换电阻器比原电阻器具有更加稳定的性质和更高的额定功率，阻值也要符合标称容量范围。

2. 压敏电阻器

压敏电阻器一般应用于电压保护电路，如图 3-5 所示。

图 3-5　压敏电阻器

代换时,包括压敏电阻器的标称电压、最大连续工作时间及通流容量在内的所有参数都必须合乎要求。标称电压过高,压敏电阻器将失去保护意义,而标称电压过低则压敏电阻器容易被击穿。因此,应更换与已损坏电阻器型号相同的压敏电阻器或用与参数相同的其他型号压敏电阻器来代换。

3. 光敏电阻器

光敏电阻器又称光导管,如图 3-6 所示,特性是在特定光的照射下,其阻值迅速减小,可用于检测可见光。光敏电阻器是利用半导体的光电效应制成的一种阻值随入射光的强弱而改变的电阻器,入射光强,电阻器阻值减小;入射光弱,电阻器阻值增大。光敏电阻器一般用于光的测量、控制和光电转换(将光的变化转换为电的变化)。通常,光敏电阻器制成薄片结构,以便吸收更多的光能。当它受到光的照射时,半导体片(光敏层)内就激发出电子参与导电,使电路中电流增强。

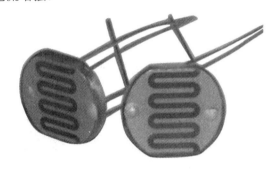

图 3-6 光敏电阻器

光敏电阻器的选用与代换方法:首先满足应用电路所需的光谱特性,其次要求代换电阻器的主要参数要相近,误差不能超过允许范围。光谱特性不同的光敏电阻器,如红外光光敏电阻器、可见光光敏电阻器、紫外光光敏电阻器等,即使阻值范围相同,也不能相互代换。

3.2 电容器故障检测与代换

电容器简称电容,是主板供电电路和信号电路中经常采用的一种电子元器件。电容器是由上下两片接近的导体,中间用绝缘材料隔开而构成的电子元器件,具有存储电荷的能力。电容器的基本单位为法拉(F),其他常用的单位还有毫法(mF)、微法(μF)、纳法(nF)及皮法(pF)。这些单位之间的换算关系是 $1F=10^3mF=10^6\mu F=10^9nF=10^{12}pF$。

电容器的种类很多,分类方法也有很多种。

(1)按照结构主要分为固定电容器和可变电容器。

(2)按照电解质种类主要分为有机介质电容器、无机介质电容器、电解电容器及空气介质电容器等。

(3)按照用途主要分为旁路电容器、滤波电容器、调谐电容器及耦合电容器等。

(4)按照制造材料主要分为瓷介电容器、涤纶电容器、电解电容器及钽电容器等。

电容器通常用 C 表示，贴片电容器通常用 C、MC 或 BC 表示，排电容器通常用 CP 或 CN 表示，电解电容器通常用 C、EC、CE 或 TC 等表示。

图 3-7 所示为电容器的电路符号，图 3-8 所示为手机电路板上的常见电容器。

———┤├———

图 3-7　电容器的电路符号　　　　　　　　图 3-8　手机电路板上的常见电容器

3.2.1　故障检测

常规条件下，对电容器故障的判定主要通过观察和使用万用表来进行。采用观察法时，如电容器有漏液、爆裂、烧毁或外表有鼓包、破损等现象，则说明电容器已经损坏。

1. 直流电压挡检测

用万用表的直流电压挡测量电路中的电容器，其两根引脚之间的直流电压一定不相等，如测量结果相等，说明电容器已被击穿。

2. 欧姆挡检测

（1）测试前，先将电容器放电，可用镊子或其他导体夹住电容器的两个引脚，进行放电。

（2）万用表量程一般选择"×10Ω"、"×100Ω"、"×1kΩ，具体根据电容型号、规格确定。

（3）检测时，将万用表的红、黑表笔分别接电容器的负极，利用指针的偏摆来判断电容器质量。若指针迅速向右摆起，然后慢慢向左退回原位，说明电容器是好的；若指针摆起后不再回转，说明电容器已经击穿；若指针摆起后逐渐退回到某一位置，则说明电容器已经漏电。

（4）将黑表笔接电容器的负极，红表笔接电容器的正极，指针迅速摆起，然后逐渐退至某处停留不动，说明电容器是好的。凡是指针在某一位置停留不稳或停留后又逐渐慢慢向右移动的电容器，说明已经漏电，不能继续使用。对于正常的电容器，用万用表测量时，指针一般停留并稳定在 50～200kΩ 刻度范围内。

（5）有些漏电的电容器，用上述方法不易准确判断出故障，可采用"×10Ω"挡进行判断。

3.2.2 选配与代换

电容器损坏后，原则上应使用与原电容器类型相同、主要参数相同、外形尺寸相近的电容器进行代换。

1. 普通电容器的代换

（1）用普通电容器代换时，原则上应选用同型号、同规格电容器代换；如果找不到相同规格的电容器，可以选用容量基本相同、耐压参数相等或大于原电容器参数的电容器代换。特殊情况下，需要考虑电容器的温度系数。

（2）玻璃釉电容器（图 3-9）或云母电容器（图 3-10）损坏后，可以用与其主要参数相同的瓷介电容器代换。纸介电容器损坏后，可用与其主要参数相同但性能更优的有机薄膜电容器或低频瓷介电容器代换。

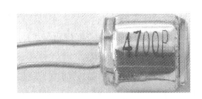

图 3-9　玻璃釉电容器

图 3-10　云母电容器

2. 电解电容器的代换

一般的电解电容器（图 3-11）通常可以用耐压值较高、容量相同的电容器代换。用于信号耦合、旁路的铝电解电容器损坏后，也可用与其主要参数相同但性能更优的电解电容器代换。

图 3-11　电解电容器

3.3　电感器故障检测与代换

电感器是能够把电能转化为磁能储存起来的电气元器件,在主电路板的供电电路和信号电路中有十分广泛的应用。

电感器的结构类似于变压器,但是只有一个绕组。电感器是根据电磁感应原理制作而成的,对直流电压具有良好的阻抗特性。

电感器的种类和分类方法也有很多种。电感器按结构的不同可分为线绕式电感器和非线绕式电感器,按用途可分为振荡电感器、校正电感器、阻流电感器、滤波电感器、隔离电感器等,按工作频率可分为高频电感器、中频电感器和低频电感器。

电感器通常用 L 表示,基本单位是亨利 (H)。常用的单位还有毫亨 (mH) 和微亨 (μH)。它们之间的换算关系是 1H=1000mH,1mH=1000μH。图 3-12 所示为电感器的电路符号,图 3-13 所示为智能手机电路板上的常见电感器。

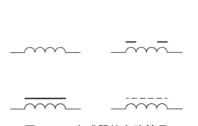

图 3-12　电感器的电路符号

图 3-13　智能手机电路板上的常见电感器

3.3.1　故障检测

常见电感器有磁棒电感器 (图 3-14)、磁环电感器 (图 3-15) 两种。一般情况下,对电感器故障的检查常使用电阻法。一般来说,电子元器件体积较小、线圈匝数不多、直流电阻低,因此多使用万用表检测。

图 3-14　磁棒电感器

图 3-15　磁环电感器

用数字万用表检测电路板中电感器的方法如下:

（1）断开电路板的电源，对待测磁棒电感器进行观察，看待测电感器是否发生损坏，有无烧焦、虚焊，线圈有无变形等情况。如果有，则说明电感器已发生损坏。

（2）如果待测磁棒电感器外观没有明显损坏，用电烙铁将待测磁棒电感器从电路板上焊下，并清洁磁棒电感器两端的引脚，去除两端引脚上残留的污物，以确保测量时的准确性。

（3）将数字万用表调至×200Ω挡。

（4）将数字万用表的红、黑表笔分别搭在待测电感器的引脚上，测出两引脚之间的阻值。若电感器阻值接近于 0，则电感器没有断路故障。

（5）再选用数字万用表的×200MΩ挡，分别检测电感器的线圈引线与铁心之间、线圈与线圈之间的阻值。若为无穷大，则该电感器绝缘良好，不存在漏电现象。

3.3.2 选配与代换

电感器损坏后，原则上要使用与原电感器性能类型、主要参数、外形尺寸相同的电感器来代换。若条件无法满足，也可选择差别不大的其他类型电感器代换。

代换电感器时，首先要考虑其性能参数，包括电感量、额定电流、品质因数、外形尺寸等，常见电感器代换方法如下：

（1）贴片式小功率电感器元件体积小、线径细、封装严密，一旦通过的电流过大，内部温度上升后热量不易散发。因此，出现断路或匝间短路的概率比较大。代换时，电感器只要体积大小相同即可。

（2）对于体积大、铜线粗的大功率储能电感器，其损坏概率很小。如果要代换这种电感器元件，必须选用型号相同，对应的体积、匝数、线径都相同的电感器才能代换。

3.4 晶振故障检测与代换

晶振是晶体振荡器（有源晶振）和晶体谐振器（无源晶振）的统称，其作用在于产生原始时钟频率。时钟频率经过频率发生器的放大或缩小后，就成了电路中各种不同的总线频率。通常无源晶振需要借助时钟电路才能产生振荡信号，自身无法振荡。有源晶振是一个完整的晶体振荡器。

晶振是一种能把电能和机械能相互转化的电子元器件，在通常工作条件下，普通的晶振频率绝对精度可达 5%，可以提供稳定、精确的单频振荡。利用该特性，晶振可以提供较稳定的脉冲，被广泛应用于微芯片时钟电路。晶振多为石英半导体材料，外壳用金属封装，如图 3-16 所示。

维修电路时，常常需要参考电气设备的电路原理图来查找问题。在电路原理图中，晶振一般用 X、Y、Z 等表示。晶振的电路符号如图 3-17 所示。

（a）两端晶振　　　　（b）三端晶振

图 3-16　晶振　　　　　　　　　　图 3-17　晶振电路符号

3.4.1　故障检测

1. 欧姆挡检测

通常使用万用表欧姆挡检测晶振，具体步骤如下：

（1）将指针万用表调到"×10kΩ"挡，并进行调零。

（2）将指针万用表两表笔接到晶振的两个引脚，测量晶振两端的电阻值。若测量值无穷大，则晶振不存在短路或漏电故障；若阻值很小，则晶振内部可能短路或漏电。

2.　电压挡检测

通过测量晶振电压检测晶振故障，具体步骤如下：

（1）将数字万用表挡位调整到"2V"直流电压挡。

（2）分别测量晶振的两个引脚的对地电压，并比较电压差。通常来说，两引脚电压之间具有一个电压差（大概零点几伏），如果两次测量结果完全一样或相差非常小，则晶振已损坏。

3.　晶振常见故障检测

1）晶振内部漏电故障检测

晶振内部漏电通过万用表欧姆挡即可检测。

2）晶振内部开路故障检测

晶振出现内部开路故障时，用万用表测量其电阻值，有时电阻值确实是无穷大，但并不表示晶振不存在开路故障。内部开路的晶振在电路中是不能产生振荡脉冲的，因此用专业测试仪器来测量晶振脉冲，仪器会显示 OPEN。

3）晶振频偏故障检测

频偏是指出现晶振时钟偏离标准值的一种现象。频偏时，晶振依然会产生振荡脉冲，但是振荡脉冲的数量会出现错误，其所在的系统电路无法正常工作。

当电路工作频率不正常时，可以用示波器或频率仪进行测量。如果电路中心频率正偏，则可以增加晶振外接谐振电容的值；如果电路中心频率负偏，则可以减少晶振外接谐振电容的值；如果晶振发生频偏，直接更换晶振即可。

3.4.2　代换

由于晶振的工作频率及所处的环境温度普遍比较高,因此相比于其他电子元器件晶振更容易出现故障。在代换晶振时,通常要使用相同型号、规格的新品进行代换。因为绝大多数的电路对晶振的要求十分严格,晶振规格不符,电路就无法正常工作。

3.5　二极管与晶体管故障检测

3.5.1　二极管故障检测

晶体二极管简称为二极管,是利用半导体材料硅或锗制成的一种电子元器件。

二极管由 P 型半导体和 N 型半导体构成。P 型半导体和 N 型半导体相交界面形成 PN 结。二极管在正向电压的作用下导通电阻极小,而在反向电压的作用下导通电阻极大。这也是二极管最重要的特性——单向导电性。

制作二极管的材料硅和锗在物理参数上有所不同,导致制成的二极管在性能上有所差异,比较明显的区别是硅极管的导通压降通常为 0.7V 左右,锗极管的导通压降通常为 0.3V 左右。

二极管的分类方法有如下几种:

(1)按照构成材料主要分为锗极管和硅极管两大类。

(2)按照用途主要分为检波二极管、整流二极管、开关二极管、稳压二极管、光敏二极管、发光二极管等。

二极管通常使用 VD 表示,其电路符号如图 3-18 所示。常见的二极管如图 3-19 所示。

（a）普通二极管　　　　（b）稳压二极管　　　　（c）发光二极管

图 3-18　二极管的电路符号

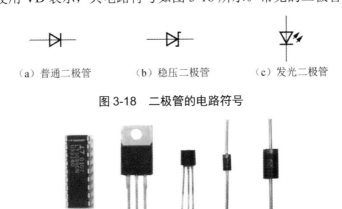

图 3-19　常见的二极管

用数字万用表检测二极管的方法如下:

(1)将待测二极管的电源断开,对待测二极管进行观察,看待测二极管是否损坏,有无烧焦、虚焊等情况。如果有，则说明二极管已损坏。

（2）为使测量结果更加准确，用小毛刷清洁二极管的两端，去除两端引脚上的污物。避免因油污的隔离作用使表笔与引脚间的接触不良，影响测量结果。

（3）清洁完毕后，选择数字万用表的二极管挡。

（4）将数字万用表的两表笔分别接待测二极管的两极，测出阻值。

（5）交换两表笔再测一次。

两次检测中，出现固定电阻的一组数字万用表的接法即为正向接法（红表笔所接的为数字万用表的正极）。正常情况下，二极管正向电阻为一固定电阻值，反向电阻为无穷大。

如果待测二极管的正向阻值和反向阻值均为无穷大，则二极管很可能有断路故障；如果测得二极管的正向阻值和反向阻值都接近于 0，则二极管已被击穿短路；如果测得二极管的正向阻值和反向阻值相差不大，则说明二极管已经失去了单向导电性或单向导电性不良。

3.5.2　晶体管故障检测

晶体管是电路板上广泛采用的一种电子元器件，是具有放大能力的特殊器件。

一般使用硅或锗材料制成两个能相互影响的 PN 结，组成一个 PNP 或 NPN 结构。中间的 N 区或 P 区称为基区，两边的区域分别称为发射区、集电区。这 3 部分各有一条电极引线，分别称为基极（b）、发射极（e）、集电极（c）。

晶体管的分类方法如下：

（1）按照制造材料可以分为硅晶体管和锗晶体管。

（2）按照导电类型可以分为 PNP 型晶体管和 NPN 型晶体管。

（3）按照工作频率可分为低频晶体管和高频晶体管。

（4）按照外形封装可以分为金属封装晶体管、玻璃封装晶体管、陶瓷封装晶体管及塑料封装晶体管等。

（5）按照功耗大小可以分为小功率晶体管和大功率晶体管。

晶体管常使用 VT 表示。NPN 型晶体管和 PNP 型晶体管的电路符号是有所区别的。图 3-20 所示为晶体管的电路符号，图 3-21 所示为常见的晶体管。

（a）NPN型晶体管　　　（b）PNP型晶体管

图 3-20　晶体管的电路符号　　　　　　　　图 3-21　常见的晶体管

直插式晶体管通常应用在电源供电电路板中，为了测量准确，一般采用开路测量。使用指针万用表测量晶体管的方法如下：

（1）将待测晶体管所在电路板的电源断开。对待测晶体管进行观察，看其有无烧焦、虚焊等明显的物理损坏。如果有，则晶体管已损坏。

（2）如果待测晶体管外观没有明显的物理损坏，则用电烙铁将待测晶体管从电路板上焊下。用小刻刀清洁晶体管的引脚，去除引脚上的污物，避免因污物的隔离作用而影响测量的准确性。

（3）清洁完成后，将指针万用表调至"×1kΩ"挡，短接两表笔进行调零校正。

（4）将万用表的黑表笔接在晶体管某一只引脚上不动（为操作方便一般从引脚的一侧开始），再用红表笔分别与另外两只引脚相接，测量该引脚与另外两引脚间的阻值。当两次测量的阻值十分相似时，可以判断该晶体管为 NPN 型晶体管。

（5）将指针万用表调至"×10kΩ"挡，短接两表笔进行调零校正。

（6）将万用表的红、黑表笔分别接在基极外的两只引脚上，并用一个手指同时接触晶体管的基极与万用表的黑表笔，观察指针偏转。

（7）交换红、黑表笔所接的引脚，用同样的方法再测一次。在两次测量中，指针偏转量较大的那次，黑表笔所接的是晶体管的集电极，红表笔所接的是晶体管的发射极。

（8）识别出晶体管的发射极和集电极后，将指针式万用表调至"×1kΩ"挡，然后短接两表笔进行调零校正。

（9）将万用表的黑表笔接在晶体管的基极引脚上，红表笔接在晶体管的集电极引脚上，观察表盘读数。交换两表笔，即将红表笔接在晶体管的基极引脚上，黑表笔接在晶体管的集电极引脚上，观察表盘读数。若晶体管基极到集电极间为一较小的固定阻值，且集电极到基极间的阻值为无穷大，则晶体管的集电结功能正常。

（10）将万用表的黑表笔接在晶体管的基极上，红表笔接在晶体管的发射极引脚上，观察表盘读数。交换两表笔，即将红表笔接在晶体管的基极引脚上，黑表笔接在晶体管的发射极引脚上，观察表盘读数。若晶体管基极到发射极间为一较小的固定阻值且发射极到基极间的阻值为无穷大，则晶体管的发射结功能正常。

（11）将万用表的黑表笔接在晶体管的集电极上红表笔接在晶体管的发射极引脚上，观察表盘读数。交换两表笔，即将红表笔接在晶体管的集电极引脚上，黑表笔接在晶体管的发射极引脚上，观察表盘读数。若晶体管集电极到发射极间的阻值为无穷大，且发射极到集电极间的阻值为无穷大，则晶体管集电极到发射极间的绝缘性良好。

满足以上条件，则晶体管功能正常。

课后练习题

1. 拆卸智能手机并识别、区分电路板上的各种电子元器件。
2. 分别检测电路板上各种电子元器件是否存在故障。
3. 用串联电阻器代换电路板上的原电阻器，看看电路板是否能够正常工作。
4. 试着为电路板更换几种电子元器件，并检测电路板是否能够正常工作。

第4章 手机射频电路的原理与维修

学习目标

（1）充分掌握手机射频电路的结构与工作原理。

（2）熟悉了解手机射频电路故障检测的方法。

（3）掌握射频电路常规故障维修的方法。

手机的射频部分实际上是一部无线接收机和发射机，负责接收 GSM 系统发送的信息和，并将用户的信息进行发射。通过 GSM 系统，能够实现用户与用户或用户与系统之间的无线对话或信息交换。目前，手机的射频电路是以 RFIC 为中心结合外部辅助控制电路构成的。本章将详细介绍射频电路中各典型功能模块的工作原理和电路特点，对于手机维修来说非常实用。

4.1 射频电路的结构原理

在电磁学理论中，电交变电流通过导体，导体周围会形成交变的电磁场，称为电磁波。

当频率低于 100kHz 时，电磁波会被地表吸收，不能形成有效传输；但是，当频率高于 100kHz 时，电磁波可以在空气中传播，并经大气层外缘的电离层反射，形成远距离传输能力，人们把具有远距离传输能力的高频电磁波称为射频（radio frequency，RF）。

普通手机射频电路由接收通路、发射通路、本振电路三大部分组成，主要负责对接收信号进行解调和对发射信息进行调制。早期手机先通过超外差变频（手机有一、二级混频和一、二本振电路），然后才解调出接收基带信息；新型手机则直接解调出接收基带（baseband）信息（零中频）。甚至有些手机把接收压控振荡器（RX-VCO）集成在中频内部。

接收时，天线把基站发送来的电磁波转为微弱交流电流信号，经滤波、高频放大后送入中频内进行解调，得到接收基带信息（RXI-P、RXI-N、RXQ-P、RXQ-N），然后送到逻辑音频电路做进一步处理，如图 4-1 所示。

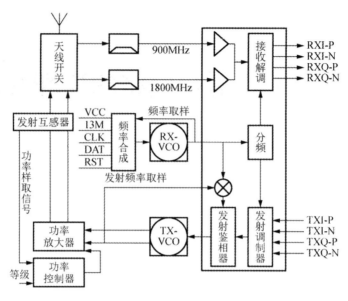

图 4-1　射频电路的工作原理

4.1.1　接收电路结构

接收电路由天线、天线开关、滤波器、高放管（低噪声放大器）等组成，如图 4-2 所示。早期手机有一、二级混频电路，其目的是把接收频率降低后再解调。

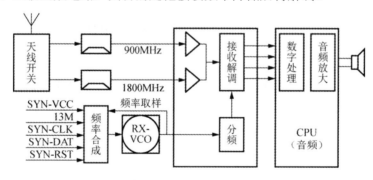

图 4-2　接收电路结构图

1. 天线

天线分外置天线和内置天线两种，由天线座、螺线管、塑料封套等组成，如图 4-3 所示。

图 4-3　天线结构图

天线的作用如下：

（1）接收时，把基站发送来的电磁波转为微弱的交流电流信号。

（2）发射时，把功率放大器放大后的交流电流转化为电磁波信号。

2. 天线开关

天线开关（合路器、双工滤波器）由 4 个电子开关构成，如图 4-4 所示。

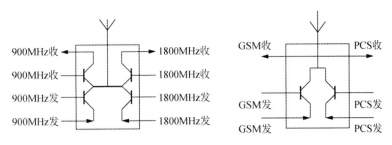

图 4-4　天线开关结构图

天线开关的作用如下：

（1）完成接收和发射的切换。

（2）完成 900MHz/1800MHz 信号的接收切换。

逻辑电路根据手机工作状态分别送出控制信号（GSM-RX-EN、DCS-RX-EN、GSM-TX-EN、DCS-TX-EN），令各自通路导通，使接收和发射信号互不干扰。

手机工作时，接收和发射不能同时在一个时隙工作（即接收时不发射，发射时不接收）。因此，后期新型手机把接收通路的两个开关去掉，只留两个发射转换开关；接收切换任务交由高放管完成。

3. 滤波器

手机中有高频滤波器、中频滤波器。其作用是滤除其他无用信号，得到纯正的接收信号。后期新型手机都为零中频手机，因此手机中没有中频滤波器。

4. 高放管

手机中的高放管有两个：900MHz 高放管、1800MHz 高放管，都是晶体管共发射极放大电路。后期新型手机把高放管集成在中频内部，如图 4-5 所示。

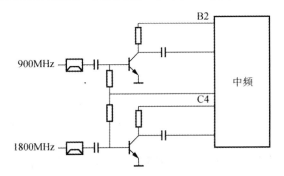

图 4-5　高频放大管结构图

高放管的作用如下：

（1）对天线感应到的微弱电流进行放大，满足后级电路对信号幅度的需求。

（2）完成 900MHz/1800MHz 接收信号的切换。

4.1.2　发射电路结构

发射时，发射电路把逻辑电路处理过的发射基带信息调制成发射中频信号，用 TX-VCO 把发射中频信号频率上变为 890MHz～915MHz（GSM）的频率信号。经功率放大器放大后，由天线转为电磁波辐射出去。

发射电路由中频内部的发射调制器、发射鉴相器、发射压控振荡器（TX-VCO）、功率放大器、发射互感器、功率控制器等组成，如图 4-6 所示。

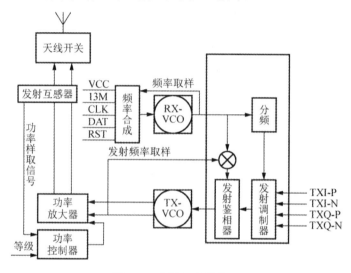

图 4-6　发射电路结构图

1. 发射调制器

发射调制器在中频内部，相当于宽带网络中的 MOD。

发射时，发射调制器把逻辑电路处理过的发射基带信息（TXI-P、TXI-N、TXQ-P、TXQ-N）与本振信号调制成发射中频信号。

2. 发射压控振荡器

发射压控振荡器是由电压控制输出频率的电容三点式振荡电路；在生产制造时集成为一小电路板上，引出 5 个引脚，分别为供电引脚、接地引脚、输出引脚、控制引脚、900MHz/1800MHz 频段切换引脚。当有合适工作电压后，发射压控振荡器便振荡产生相应的频率信号。

其作用是把中频内调制器调制成的发射中频信号转为基站能接收的频率为 890MHz～915MHz（GSM）的频率信号。

众所周知，基站只能接收 890MHz～915M（GSM）的频率信号，而中频调制器调制的中频信号（如三星发射中频信号 135MHz）是基站不能接收的，因此要用 TX-VCO 把发射的中频信号在频率上变为 890MHz～915MHz（GSM）的频率信号。

当发射时，电源部分送出 3V TX 电压使发射压控振荡器工作，产生的 890MHz～915MHz（GSM）的频率信号分两路走：

（1）取样送回中频内部，与本振信号混频产生一个与发射中频相等的发射鉴频信号，送入发射鉴相器中与发射中频进行比较；若发射压控振荡器振荡出的频率不符合手机的工作信道，则发射鉴相器会产生 1～4V 跳变电压（带有交流发射信息的直流电压）去控制发射压控振荡器内部变容二极管的电容量，达到调整频率准确性的目的。

（2）送入功率放大器，经放大后由天线转为电磁波辐射出去。

由发射压控振荡器产生频率到取样送回中频内部，再产生电压去控制发射压控振荡器工作，刚好形成一个闭合环路，且是控制频率相位的，因此该电路又称发射锁相环电路。

3．功率放大器

目前，手机的功率放大器为双频功率放大器（900MHz 功率放大器和 1800MHz 功率放大器集成一体），分黑胶功率放大器和铁壳功率放大器两种，不同型号的功率放大器不能互换。

功率放大器的作用是把发射压控振荡器振荡出的频率信号放大，获得足够的功率电流，经天线转化为电磁波辐射出去。

值得注意的是，功率放大器放大的是发射频率信号的幅值，而不能放大信号的频率。功率放大器的引脚介绍如下：

（1）工作电压（VCC）：手机功率放大器供电由电池直接提供（3.6V）。

（2）接地端（GND）：使电流形成回路。

（3）双频功换信号（BANDSEL）：控制功率放大器工作于 900MHz 或 1800MHz。

（4）功率控制信号（PAC）：控制功率放大器的放大量（工作电流）。

（5）输入信号（IN）。

（6）输出信号（OUT）。

4．发射互感器

发射互感器由两个线径和匝数相等的线圈相互靠近，利用互感原理制成。

发射互感器的是把功率放大器发射功率电流取样送入功率控制器。

发射时，功率放大器发射功率电流经过发射互感器，在其二次侧感生出与功率电流同样大小的电流，经检波（高频整流）后并送入功率控制器。

5．功率控制器

功率控制器的实质为一个运算比较放大器。

功率放大器的作用是把发射功率电流取样信号和功率等级信号进行比较，得到一个合适的电压信号对功放的放大量进行控制。

发射时，功率电流经过发射互感器，在其二次侧感生的电流经检波（高频整流）后并送入功率控制器；编程时，预设功率等级信号也送入功率控制器。两个信号在内部比较后产生一个电压信号对功率放大器的放大量进行控制，使功率放大器工作电流适中，既省电又能延

长功率放大器的使用寿命（功率控制器电压高，功率放大器功率就大）。

4.1.3 本振电路结构

本振电路产生 4 段不带任何信息的本振频率信号（GSM-RX、GSM-TX、DCS-RX、DCS-TX），并将信号送入中频内部。接收时，对接收信号进行解调；发射时，对发射基带信息进行调制和发射鉴相。

手机本振电路有 4 种电路结构：

（1）由频率合成集成块、接收压控振荡器、13MHz 基准时钟等组成。早期手机多使用这样的本振电路，如图 4-7 所示。

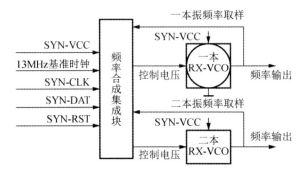

图 4-7　本振电路 1

（2）把频率合成集成块集成在中频内部，外接接收压控振荡器组成。中期机、诺基亚机等多使用这样的本振电路，如图 4-8 所示。

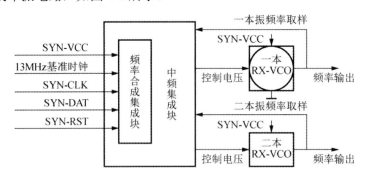

图 4-8　本振电路 2

（3）把频率合成集成块、接收压控振荡器集成为一体，称本振集成块或本振 IC。中期机、三星机多用这种本振电路，如图 4-9 所示。

（4）把频率合成集成块、接收压控振荡器集成在中频内部。新型机多用这种本振电路，如图 4-10 所示。

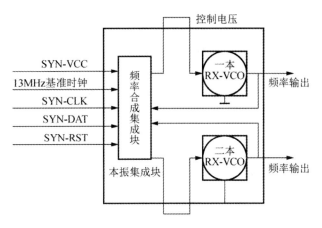

图 4-9 本振电路 3

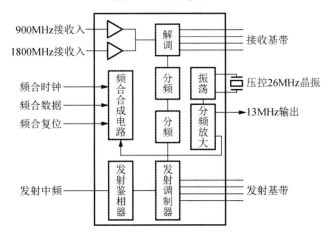

图 4-10 本振电路 4

无论采用何种结构模式,只是产生的频率不同,其工作原理、产生频率信号的走向和作用等是都一样的。

1. 接收压控振荡器

接收压控振荡器与发射压控振荡器的结构和工作原理一样,但其与发射压控振荡器存在一定的不同之处:发射压控振荡器产生两个频率段,只参与发射;而接收压控振荡器产生 4 个频率段,既参与接收又参与发射,而且两个压控振荡器不能互换。

2. 频率合成集成块

频率合成集成块是一个比较运算放大器,能够把接收压控振荡器产生的频率取样信号、预设频率参考数据在内部进行比较,并以 13MHz 基准时钟为参考,产生 1~4V 跳变电压(纯直流电压)去控制接收压控振荡器振荡出准确的本振频率。

3. 预设频率参考数据

预设频率参考数据是工程师在设计手机时，根据手机在不同信道（GSM 手机为 124 个）上工作所需要的本振频率标准预先设定好的数据表，一般寄存在 Flash 内，即 CPU 送出的频合时钟（SYN-CLK）、频合数据（SYN-DAT）、频合复位（SYN-RST）、频合启动（SYN-EN）。

4.2　射频电路的工作原理

当前市场上的智能手机大多支持 2G、3G、4G 网络，不同频段的信号使用同一个处理器，使原理图十分复杂。为了方便说明，本节以手机通用的几种射频电路为例进行逐一讲解。

4.2.1　2G GSM 电路

DCS 1800MHz 接收信号由天线接口 J4_RF 进入，经滤波器 FL10_RF 送至 GSM 功率放大器 U2000_RF（U2000_RF 是天线开关，同时集成了 GSM 功率放大电路，所以会在下面的电路中把 U2000_RF 称为天线开关）内部；经过 U2000_RF 内部的天线开关，接收信号由 TRX6 输出 50_DCS_RX 信号，经过接收滤波器 FL6_RF 送至射频处理器 U3_RF 进行处理；射频处理器 U3_RF 输出接收基带信号，送至基带处理器 U1_RF 内部解调出声音信号。

PCS 1900MHz 接收信号由天线接口 J4_RF 进入，经滤波器 FL10_RF 送至 GSM 功率放大器 U2000_RF 内部；经过 U2000_RF 内部的天线开关，接收信号由 TRX7 输出 50_PCS_RX 信号，经过接收滤波器 FL6_RF 送至射频处理器 U3_RF 进行处理；射频处理器 U3_RF 输出接收基带信号，送至基带处理器 U1_RF 内部解调出声音信号。

DCS 1800MHz、PCS 1900MHz 的发射信号由射频处理器 U3_RF 输出 50_XCVR_2G_HB_TX 信号，送至 U2000_RF 进行功率放大后，经 FL10_RF 送至天线发射出去。

GSM 850MHz 接收信号通道和 BAND5 共用，GSM 900MHz 接收信号通道和 BAND8 共用。GSM 850MHz/900MHz 发射信号由射频处理器 U3_RF 输出 50_XCVR_2G_LB_TX 信号，至 U2000_RF 进行功率放大后，经 FL10_RF 送至天线发射出去。2G GSM 框图如图 4-11 所示。

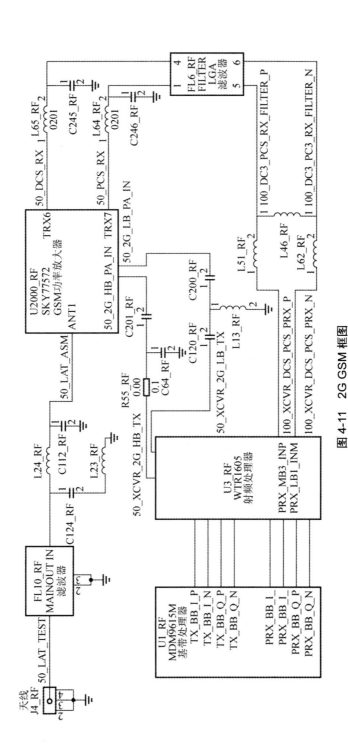

图 4-11 2G GSM 框图

4.2.2 BAND 电路

BAND1 3G 支持 CDMA 2000BC6（1921MHz～2169MHz），3G 支持 WCDMA B1（1922MHz～2168MHz），4G 支持 LTE B1（1920MHz～2170MHz）。

BAND1 接收通道信号，由天线接收后，经天线接口 J4_RF、滤波器 FL10_RF、天线开关 U2000_RF 送至 BAND1 功率放大器 U14_RF，接收信号 100_B1_DUPLX_RX_P、100_B1_DUPLX_RX_N 由 U14_RF 输出后送至射频处理器 U3_RF，解调出基带 I/O 信号后送至基带处理器。

BAND1 发射通道信号 50_B1_TX_SAW_IN 由射频处理器 U3_RF 输出后，经发射滤波器 U9_RF 滤波，送至功率放大器 U14_RF 进行放大，输出 50_B1_DPLX_ANT 发射信号，经 U2000_RF、FL10_RF，再经天线发射出去。BAND1 框图如图 4-12 所示。

BAND2 支持 3G CDMA2000 BC1（824MHz～894MHz）、3G WCDMA B2（817MHz～868MHz）、4G LTE B2（826MHz～892MHz）、4G LTE B25（824MHz～894MHz）频段。

BAND2 接收通道信号，由天线接收后，经天线接口 J4_RF、天线开关 U2000_RF 送至 BAND2 功率放大器 U23_RF 进行放大，接收信号 50_B2_DUPLX_RX 由 U23_RF 输出后送至射频处理器 U3_RF，解调出基带 I/Q 信号送至带处理器。

BAND2 发射通道信号 50_B2_TX_SAW_IN 由射频处理器 U3_RF 输出后，经发射滤波器 U9_RF 滤波，送至功率放大器 U23_RF 进行放大并输出 50_B2_DPLX_ANT 发射信号，经 U2000_RF，再经天线发射出去。BAND2 框图如图 4-13 所示。

此外，还有 BAND4 电路、BAND5 电路、BAND8 电路、LTE BAND3 电路、LTE BAND13 电路、LTE BAND17 电路、LTE BAND20 电路。这些电路的工作原理大同小异，最大的差别在于不同种类电路接收的信号频段不同，这里不再赘述。

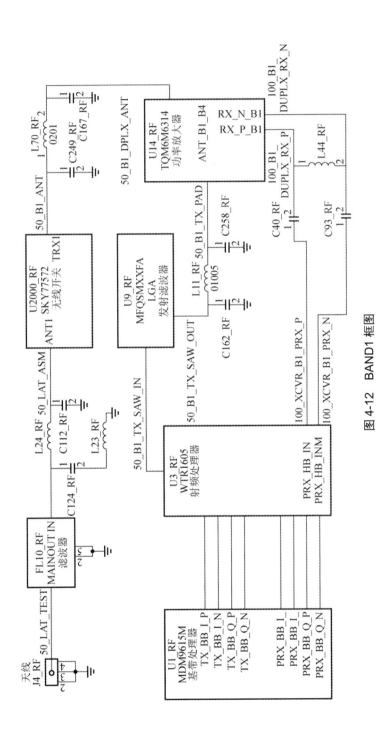

图 4-12 BAND1 框图

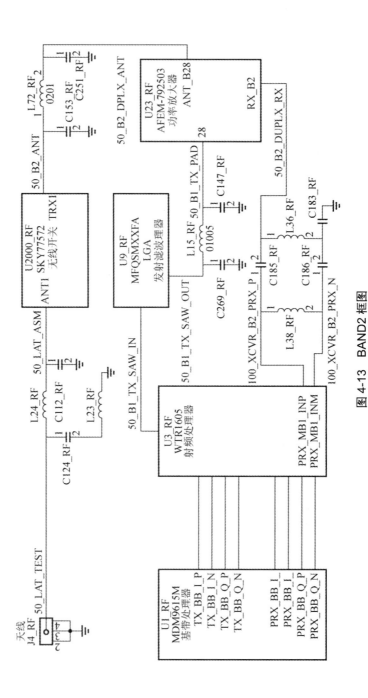

图 4-13　BAND2 框图

4.3 射频电路的故障维修

在智能手机维修中，射频电路是故障多发点，因为 3G、4G 功率放大器长期工作，容易出现损坏、虚焊等问题。

在射频电路故障维修中，应从射频电路和功率放大器等关键部件入手，逐步缩小故障范围，结合维修经验和测量设备最终确定故障元件。

射频电路的故障一般表现为信号弱、无信号、无发射等。对于射频电路故障，信号部分的维修一般使用一信三环法、代换法、排除法、关联法等，供电部分的维修则重点检查射频供电电路。

4.3.1 一信三环法

1. 一信

在手机维修中，I/Q 信号是手机射频和逻辑部分的分水岭，通过利用示波器测量 4 路 I/Q 信号的方法来判定故障范围。

通过这一步缩小手机的故障范围，确定故障是由射频部分引起还是由基带部分引起。正交 I/Q 信号解调电路输入的信号有两个：一个是接收中频信号（或射频信号），另一个是本振信号。

通常情况下，I/Q 信号解调电路所使用的本振信号都来自压控振荡器（voltage controlled oscillator，VCO）电路。但是，VCO 信号并不直接输入 I/Q 信号解调电路，而是需要经分频、移相电路处理，得到频率与接收中频（或接收射频）的中心频率相同、相位相差 90°的正交本机振荡信号。

2. 三环

三环是指射频部分工作的 3 个环路，分别是系统时钟环路、锁相环（phase locked loop，PLL）环路、功率放大电路的功率控制环路。

1）系统时钟环路

手机中的系统基准时钟晶振是手机中一个非常重要的器件，它产生的系统时钟信号一方面为逻辑电路提供时钟信号，另一方面为频率合成器电路提供基准信号。

手机中的系统基准时钟晶体振荡电路受逻辑电路提供的自动频率控制（auto frequency contrd，AFC）信号控制。由于 GSM 手机采用时分多址（time division multiple access，TDMA）技术，以不同的时间段（时隙，slot）来区分用户，故手机与系统保持时间同步就显得非常重要。若手机时钟与系统时钟不同步，则会导致手机不能与系统进行正常的通信。

系统时钟环路的测试方法很简单，可以用示波器测量系统时钟信号波形，或用频率计测

量系统时钟频率，也可用万用表来测试 AFC 电压，通过这 3 种测量手段可以判断系统时钟
环路是否正常。图 4-14 所示是 MTK 芯片组手机系统时钟环电路。

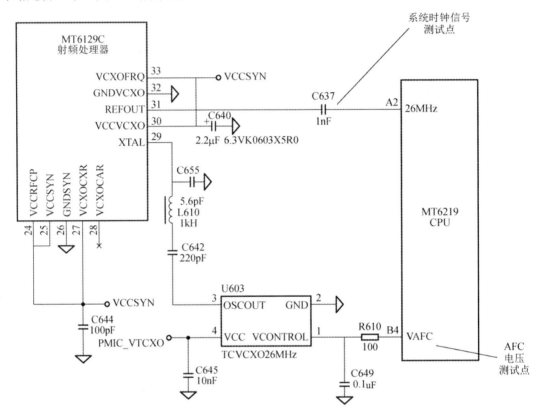

图 4-14　系统时钟电路

2）锁相环环路

锁相环环路的工作频率受 VCO 调谐电压的控制，测量工作频率和波形非常困难。在维
修中，实际应用的方法是通过测试 VCO 调谐电压来判定整个环路工作是否正常。在集成度
较高的手机中，锁相环环路基本集成在集成电路的内部，外部环路中可以测量的信号有分频
器的控制信号，如时钟、数据、启动（一般称这 3 个信号为"三线"控制信号）等，通过测
量这 3 个信号来判定 VCO 环路是否工作。图 4-15 所示是 MTK 芯片组手机的频率合成器"三
线"控制信号。

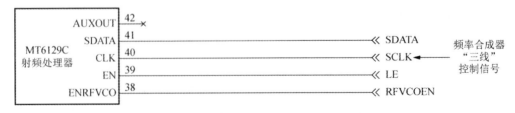

图 4-15　频率合成器"三线"控制信号

3) 功率放大电路的功率控制环路

手机是一种移动通信设备，在移动通信过程中，离基站的距离时近时远。手机离基站比较远时，需要有足够的功率以使手机传出的信息能传输到基站；当手机离基站比较近时，若手机的功率过大，可能会带来各种干扰，导致手机不能正常工作。此外，电磁波的传播不仅受通信距离的影响，在不同的环境中受地形、地物的影响也很大。多径传播造成的衰落、建筑物阻挡造成的阴影效应和运动造成的多普勒频移，也可导致接收信号极不稳定，接收场强的瞬间变化往往可达十倍以上。故手机电路中的功率放大器具有它自己的特点，即功率放大器的放大倍数应能随不同的情况而变化，以使到达基站的信号基本稳定，故手机功率放大最突出的特点是带有自动功率控制电路。

一个完整的功率放大电路通常包括驱动放大、功率放大、功率检测及控制、电源电路等。在功率放大器的输出端，通过一个取样电路取一部分发射信号，经高频整流得到一个反映发射功率大小的直流电平，这个电平在比较电路中与来自逻辑电路的功率控制参考电平进行比较，输出功率放大器的偏压，以控制功率放大器的输出功率。功率放大电路的功率控制环路电路框图如图 4-16 所示。

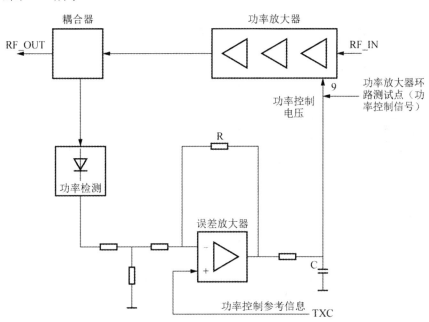

图 4-16　功率放大电路的功率控制环路电路图

功率放大电路的功率控制环路受功率控制信号 APC 电压的控制。对于这部分电路的维修，一般使用示波器测量功率控制电压，通过测量电压信号，观察整个功率控制环路工作是否正常，这是功率放大电路的一个关键测试点。图 4-17 所示是 MTK 芯片组手机的功率控制信号（APC）测试点。

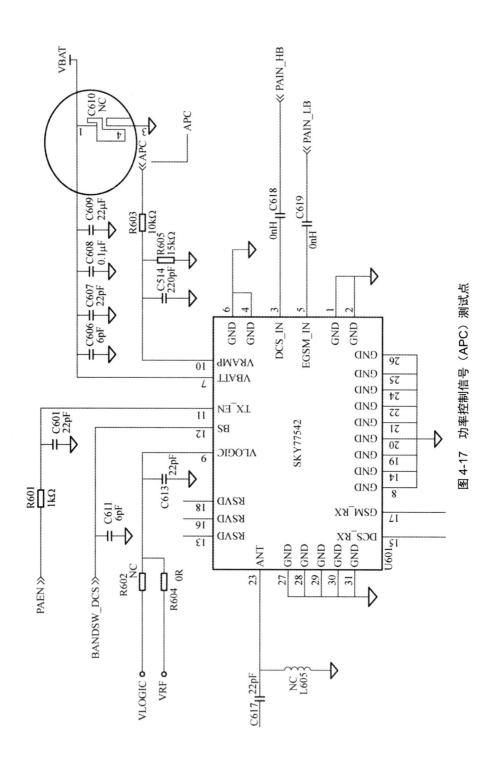

图 4-17 功率控制信号（APC）测试点

4.3.2　代换法

所谓代换法，就是对某个被怀疑有可能发生故障的元器件或单元电路使用正常的元器件或单元电路进行代换，从中找到故障的部位，及时排除故障的方法。此法比较适合初学者和判断疑难故障，特别是在缺少仪器和仪表的情况下更直观方便。

在智能手机射频处理器电路中，信号频率高，给测量造成了很大的困难。使用代换法来维修射频处理器电路故障是简单有效的方法。

4.3.3　排除法

排除法是一种把不在结论（答案）范围内的其他结论排除掉的方法。例如，2G 部分有信号、4G 部分无信号的故障。2G 部分有信号，说明天线部分、射频处理器部分、基带部分基本工作正常，主要检查 4G 信号部分通道就可以。利用这种方法很容易排除工作正常的元器件。

4.3.4　关联法

对于两个系统之间的因素，其随时间或不同对象而变化的关联性大小的量度，称为关联度。在系统发展过程中，若两个因素变化的趋势具有一致性，即同步变化程度较高，可称二者关联程度较高；反之，则较低。采用此种理论分析的方法称为关联法。例如，2G 信号中 900～1800MHz 频段的关联性，它们一般会使用同一个天线开关和功率放大器。如果该部分控制或供电出现问题，900MHz 信号不正常，通常 1800MHz 信号也不会正常。

4.3.5　射频电路维修技巧

1. 判断故障部位

在遇到无信号、无服务的故障时，首先要确认故障是在信号电路上还是在基带处理器电路上。如果故障是在信号电路上，则在手机上是能够看到调制解调器固件版本和串号的；如果看不到调制解调器固件版本和串号，则说明问题出在基带处理器上。

2. 判断损坏原因

客户送来手机以后，要了解损坏的原因：是进水或摔过，正常使用时出现的信号故障，还是被别人维修过出现的信号问题。

如果是进水的手机，重点检查射频部分是否有元器件腐蚀，依次检查供电、信号通路的元器件；如果是摔过的机器，则重点检查是否有元器件脱焊，尤其是天线开关、功率放大器等元器件；如果是被别人动过手脚的手机，则重点检查被别人动过的元器件，一个都不要放过。

3. 合理运用代换法及假天线法

代换法在维修中是经常使用的一种方法，就是用好的元器件替换怀疑有故障的元器件，在信号电路应用较多。因为在信号电路中，使用万用表不可能测量到高频信号，能测量高频信号必须使用昂贵的仪器，一般维修网点是不具备的。所以，代换法成了一种简单易行的好方法。

假天线法也是在信号电路中使用较多的方法，在相应的测试点焊接一段焊锡丝来代替天线，以进一步确认故障部位。假天线法简单方便，甚至不拆卸元器件就能够大概判断故障部位。

4. 重点检查射频供电

在智能手机中，信号电路一般有单独的供电电路，为功率放大器和射频电路进行供电。如果该部分控制或供电出现问题，900MHz 信号不正常，通常 1800MHz 信号也不会正常。

课后练习题

1. 简述手机射频电路的结构。
2. 简述手机射频电路元器件的作用。
3. 画出 4 种常见本振电路的结构图。
4. 手机射频电路容易出现哪些故障？怎样检测？请列举说明。

第5章　手机基带电路的原理与维修

（1）充分掌握手机基带电路的结构与工作原理。

（2）熟悉了解手机基带电路故障检测的方法。

（3）掌握手机基带电路常规故障维修的方法。

基带用来合成即将发射的基带信号，或对接收的基带信号进行解码。具体地说，就是发射时，把音频信号编译成用来发射的基带码；接收时，把收到的基带码解译为音频信号。手机基带主要功能为通信协议编码/译码、模数/数模（ADC/DAC）转换、数据处理和存储等。一款最基本的基带需要 3 个部分组成，即模拟基带（analog baseband，ABB）信号处理器、数字基带（digital baseband，DBB）信号处理器、微控制器（micro control unit，MCU）或微处理器。

5.1　基带电路的结构原理

在普通手机中，通常将 MCU、数字信号处理（digital signal processing，DSP）电路专用集成电路（application specific integrated circuit，ASIC）等集成在一起，得到数字基带信号处理器；将 ADC（模数转换器）电路、DAC（数模转换器）电路等集成在一起，得到模拟基带信号处理器。

在智能手机中，一般将数字基带信号处理器和模拟基带信号处理器集成在一起，称为基带。无论移动电话的基带电路如何变化，它都包括 MCU 电路（又称 CPU 电路）、DSP 电路、ASIC、音频编译码电路、射频逻辑接口电路等基本电路。

可以这样理解智能手机的无线部分，将智能手机无线部分电路分为两部分：一部分是射频电路，完成信号从天线到基带信号的接收和发射处理；另一部分是基带电路，完成信号从基带信号到音频终端（听筒或送话器）的处理。这样就比较容易理解基带电路的主要工作内容和任务了。

智能手机的处理器主要有基带处理器和应用处理器。基带处理器相当于一个协议处理器，负责数据处理与存储，主要组件为数字信号处理器（digital signal processor，DSP）、MCU、内部存储器（简称内存，SRAM、Flash）等单元。应用处理器主要负责手机的多媒体功能，包括图像、声音、视频、3D 图形照相等的处理。有些智能手机采用两个单独的处理器芯片来设计；而有些智能手机则采用二合一的处理器芯片，即将基带处理器和应用处理器集成在一个芯片中。

智能手机的处理器电路位于智能手机的主电路板中。由于智能手机电路板的设计不同，处理器的数量及位置也不相同。

5.1.1 双芯片处理器的组成

双芯片架构的智能手机有两个处理器，即基带处理器和应用处理器。

1. 基带处理器电路的组成

从电路结构上来看，智能手机基带处理器电路主要由微处理器、DSP 电路、存储器、时钟及复位电路、接口电路、供电电路等组成。图 5-1 所示为智能手机基带处理器电路的组成框图。

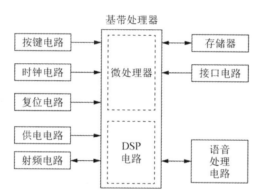

图 5-1　智能手机基带处理器电路的组成框图

1）微处理器

微处理器的内部主要包括控制单元、逻辑运算单元、存储单元（高速缓存、寄存器）三大部分。指令由控制单元分配到逻辑运算单元，经过加工处理后，再送到存储单元等待应用程序的使用。

（1）指令高速缓存。指令高速缓存是芯片上的指令仓库，使微处理器不必停下来查找外部存储器（简称外存）中的指令。这种方式加快了处理速度。

（2）控制单元。控制单元负责整个处理过程。它会根据来自译码单元的指令，生成控制信号，告诉逻辑运算单元和寄存器如何运算、对什么进行运算及怎样对结果进行处理。

（3）逻辑运算单元。逻辑运算单元是芯片的智能部件，能够执行加、减、乘、除等各种命令。此外，它还知道如何读取逻辑命令，如或、与、非。来自控制单元的信息将告诉逻辑运算单元应该做些什么，然后逻辑运算单元从寄存器中提取数据，以完成任务。

（4）寄存器。寄存器是逻辑运算单元为完成控制单元请求的任务所使用的数据的小型存储区域（数据可以来自高速缓存、内存、控制单元）。

（5）数据高速缓存。数据高速缓存存储来自译码单元专门标记的数据，以备逻辑运算单元使用，同时还准备了分配到机器不同部分的最终结果。

微处理器是处理数据和执行程序的核心，它的工作原理就像一个工厂对产品的加工过程：进入工厂的原料（程序指令）经过物资分配部门（控制单元）的调度分配，被送往生产线（逻辑运算单元）生产出成品（处理后的数据）后，再存储在仓库（存储单元）中，最后等着拿到市场上去卖（交由应用程序使用）。在这个过程中，我们注意到，从控制单元开始，微处理器就开始了正式的工作，中间的过程是通过逻辑运算单元进行运算处理，交到存储单元代表工作的结束。

基带处理器中的微处理器主要执行系统控制、通信控制、身份验证、射频监测、工作模式控制、附件监测、电池监测、接口控制等功能。

2）DSP 电路

DSP 电路的相关内容见 5.2.2 节，这里不再赘述。

3）存储器

智能手机的存储器主要包括数据存储器和程序存储器。

（1）数据存储器（random access memory，RAM）。

数据存储器的作用主要是存储手机运行过程中暂时保留的信息，如暂时存储各种功能程序运行的中间结果，是运行程序时的数据缓存区。手机中常用的存储器是静态存储器（static random access memory，SRAM）。其对数据（如输入的电话号码、短信、各种密码等）或指令（如驱动振铃器振铃、开始录音、启动游戏等指令）的存取速度快、存储精度高，但一旦断电，其中所存信息就会丢失。

数据存储器正常工作时需与微处理器配合默契，即在由控制线传输的指令的控制下，通过数据传输线与微处理器交换信息。数据存储器提供了整个手机工作的空间，其作用相当于计算机中的内存 RAM。

（2）程序存储器。

部分智能手机的程序存储器由两部分组成：一个是快闪存储器（flash memory），简称 Flash，俗称字库或版本；另一个是电可擦除可编程只读存储器（electrically erasable programmable read only memory，EEPROM），俗称码片。手机的程序存储器存储着手机工作所必需的各种软件及重要数据，是整机的灵魂所在。

在手机程序存储器中，Flash 作为只读存储器（read only memory，ROM）使用，主要存储工作主程序，即以代码的形式装载话机的基本程序和各种功能程序。话机的基本程序管理着整机工作，如各项菜单功能之间的有序连接与过渡的管理程序、各子菜单返回其上一级菜单的管理程序、根据开机信号线的触发信号启动开机程序的管理等。Flash 是一种非易失性存储器，当关掉电路的电源以后，所存储的信息不会丢失。它的存储器单元是电可擦除的，即 Flash 既可电擦除，又可用新的数据再编程。Flash 在手机中一般用于相对稳定的、正常使用手机时不用更改程序的存储，这与它们有限的擦除、重写能力有关。Flash 若发生故障，整个手机将陷入瘫痪。

EEPROM 的主要特点是能进行在线修改存储器内的数据或程序，并能在断电的情况下保持修改结果。依据数据传输方式，EEPROM 可以分为两大类，一类为并行数据传送的 EEPROM，另一类为串行数据传送的 EEPROM。

各种类型的手机所采用的 EEPROM 很多，但其作用大体上是一样的，即存放系统参数和一些可修改的数据，如手机拨出的电话号码、菜单的设置、手机解锁码、PN 码、手机的机身码（IMEI），以及一些检测程序，如电池检测程序、显示电压检测程序等。EEPROM 出现问题时，手机的某些功能将失效或出错，如菜单错乱、背景灯失控等。由于 EEPROM 可以用电擦除，因此当出现数据丢失时，可以用 GSM 手机可编程软件故障检修仪重新写入。目前，手机的 EEPROM 一般集成在 Flash 内部。

2. 应用处理器电路的组成

应用处理器的优点在于完全独立在手机通信平台之外，灵活方便，缩短设计流程。目前，智能手机中流行的数码照相机、高清视频拍摄与播放、MP3 播放器、FM 广播接收、视频图像播放、高保真 HD 音频等功能，基带处理器已无能力完成，只能由应用处理器来完成。

从电路结构来看，应用处理器电路主要由核心处理器、时钟电路、内存控制器、多媒体处理器、图像处理器等组成。图 5-2 所示为智能手机应用处理器电路的组成框图。

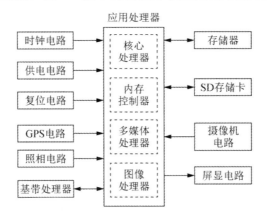

图 5-2 智能手机应用处理器电路的组成框图

应用处理器的核心主要有单核、双核、四核、六核、八核等。目前，智能手机应用处理器多采用 ARM 架构，生产厂商主要有高通、三星、苹果、华为、德州仪器、英伟达、英特尔等。

5.1.2 单芯片处理器的组成

单芯片处理器是指智能手机在设计时，采用的基带处理器和应用处理器集成在一起的二合一单芯片处理器。单芯片处理器不但具有基带处理器的功能，而且具有应用处理器的功能。从电路结构上来看，单芯片处理器电路主要由微处理器、核心处理器（可能为多核）、DSP 电路、存储器、时钟及复位电路、接口电路、供电电路、内存控制器、多媒体处理器、图像处理器等组成，如图 5-3 所示。

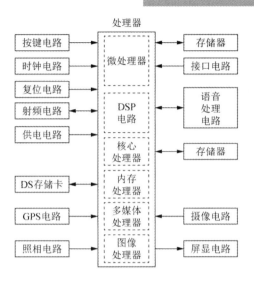

图 5-3 单芯片处理器的组成

5.2 基带电路的工作原理

不同智能手机的基带电路有所不同，但其工作原理基本相同。下面以基带处理器 PMB8875（图 5-4）为例进行介绍。

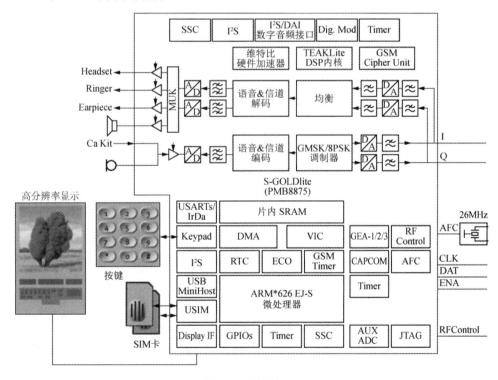

图 5-4 PMB8875

5.2.1 模拟基带电路

模拟基带信号处理器又称话音基带信号转换器,包含手机中所有的 ADC 与 DAC 电路。

模拟基带信号处理器包含基带信号处理电路、话音基带信号处理电路(又称音频处理电路)、辅助变换电路(又称辅助控制电路)。

1. 基带信号处理电路

基带信号处理电路将接收射频电路输出的接收机基带信号 RXI/Q,并将其转换成数字接收基带信号,送到数字基带信号处理器。

在发射方面,该电路将数字基带信号处理器电路输出的数字发射基带信号转换成模拟的发射基带信号 TXI/Q,送到发射射频部分的 I/Q 调制器电路。

基带信号处理电路是用来处理接收、发射基带信号、连接数字基带与射频电路的射频逻辑接口电路。在基带方面,基带信号处理电路通过基带串行接口连接到数字基带信号处理器;在射频方面,基带信号处理电路通过分离或复合的 I/Q 信号接口连接到接收 I/Q 解调的电路与发射 I/Q 调制的电路。

接收基带信号处理框图如图 5-5 所示。

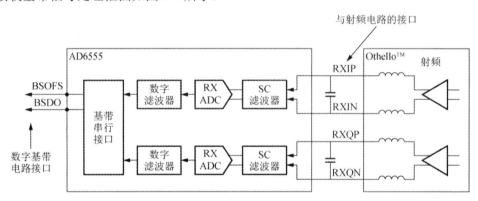

图 5-5 接收基带信号处理框图

发射基带信号处理框图如图 5-6 所示。

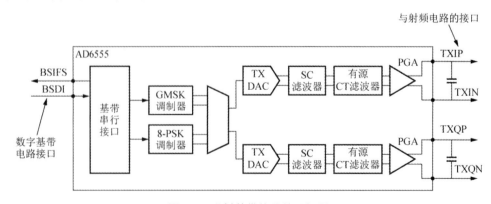

图 5-6 发射基带信号处理框图

2. 话音基带信号处理电路

话音基带信号处理电路用来处理接收、发射音频信号。在接收方面,其将数字基带处理器电路处理得到的接收数字音频信号转换成模拟音频信号;在发射方面,其将模拟音频信号转换成数字音频信号,送到数字基带处理器电路。

接收音频信号处理是指将数字基带信号处理器得到的接收数字音频信号进行转换,得到模拟的话音信号的过程。发射音频信号处理是指对接收数字基带信号进行解密、信道解码、去分间插入等系列处理后,得到数字音频信号,经音频串行接口总线输出数字音频信号,传输到模拟基带信号处理器的过程。

话音基带信号处理电路接收、发射音频信号处理框图如图 5-7 所示。

接收音频信号处理电路处理得到的模拟音频信号通常用于手机中的内受话器、扬声器、耳机,或输出到外接的音频附件。

接收音频终端电路通常比较简单,模拟基带处理电路输出的信号或直接送到音频终端,或通过模拟电子开关、外部的音频放大器送到音频终端。

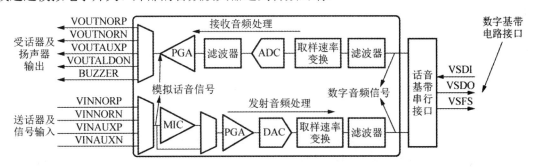

图 5-7　话音基带信号处理电路接收、发射音频信号处理框图

3. 辅助变换电路

辅助变换电路直接由数字基带信号处理器部分引出的同步串行口寻址,与基带部分的串口相似,通过辅助串行接口(控制串行接口)连接到数字基带信号处理器。辅助变换电路通常包含两个部分:一个是 ADC,另一个是 DAC。DAC 是固定的,通常是自动频率控制信号产生的 AFC DAC,以及发射功率控制信号产生的 APC DAC;在 ADC 方面,模拟基带信号处理器通常提供多个通道的 ADC 变换,不同的模拟基带信号处理器提供的 ADC 通道不同。

1)DAC 电路

在 DAC 方面,一个是 AFC DAC,一个是 APC DAC,它们的控制信号都是由数字基带信号处理器电路输出,经控制串行接口到模拟基带处理电路。

对于 AFC DAC,数字基带信号处理器电路输出的控制信号通常要由控制寄存器缓冲,然后将控制信号送到 AFC DAC 单元,进行 D/A 转换。AFC DAC 单元输出的信号经滤波后,被送到手机的参考振荡(系统主时钟)电路,控制手机时钟与基带系统的时钟同步。

APC DAC 通道比 AFC DAC 通道复杂,如图 5-8 所示。

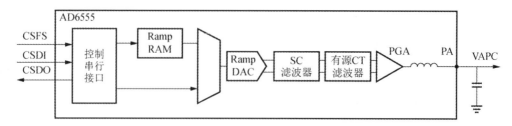

图 5-8　APC DAC 通道

2）ADC 电路

ADC 通道主要用来进行电池电压监测、电池温度监测、环境温度监测等。ADC 的输入信号端口连接到各相应的监测电路，以得到模拟监测电压（或电流）信号。输入的模拟信号经 A/D 转换后，得到的数字信号经控制串行接口送到数字基带信号处理器。

手机系统通过访问系统软件中的参数值与手机的相关工作状态来决定相应的控制动作。

5.2.2　数字基带电路

数字基带电路包括 MCU、DSP 电路、ASIC、音频编译码电路、射频逻辑接口电路等。

1. MCU

MCU 相当于计算机中的 CPU，它通常是简化指令集的计算机芯片。

MCU 电路通常会提供一些用户界面、系统控制等，包括一个 CPU 核心和单片机支持系统。手机的 MCU 有采用 Intel 处理器内核的，也有采用 ARM 处理器内核的。多数手机的 MCU 采用 ARM 处理器内核。

在智能手机中，基带电路的 MCU 执行多个功能，包括系统控制、通信控制、身份验证、射频监测、工作模式控制、附件监测、电池监测等，提供与计算机、外部调试设备的通信接口，如 JTAG 接口等。

不同厂家 MCU 或许在构造上有所不同，但它们的基本功能相似，手机中的 MCU 电路都被集成在（数字）基带信号处理器中。

2. DSP 电路

手机的 DSP 由 DSP 内核加上内建的 RAM 和加载了软件代码的 ROM 组成。

DSP 通常提供如下功能：射频控制、信道编码、均衡、分间插入与去分间插入、AGC、AFC、SYCN、密码算法、邻近蜂窝监测等。

DSP 核心还要处理一些其他功能，包括双音多频音的产生和一些短时回声的抵消，在 GSM 移动电话的 DSP 中，通常还会建立突发脉冲（burst）。

DSP 电路框图如图 5-9 所示。

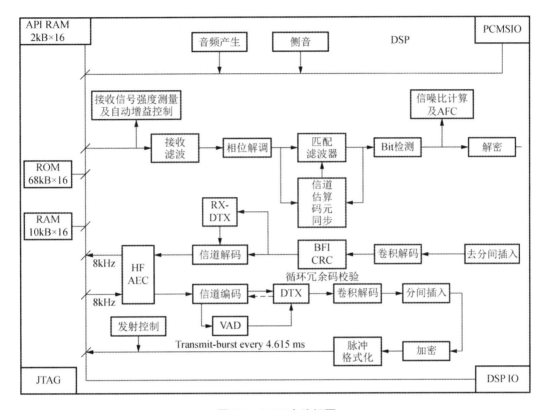

图 5-9　DSP 电路框图

3. ASIC

在手机中，ASIC 通常包含如下功能：提供 MCU 与用户模组之间的接口；提供 MCU 与 DSP 之间的接口，提供 MCU、DSP 与射频逻辑接口电路之间的接口；产生时钟；提供用户接口；提供 SIM 卡接口（GSM 手机），或提供 UIM 接口（CDMA 手机）；提供时间管理及外接通信接口等。

除了诺基亚早期的一些 GSM 手机外，很少有独立的 ASIC 单元，ASIC 单元所包含的接口电路通常被集成在数字基带信号处理器中。

4. 音频编译码电路

音频编译码电路完成语音信号的 A/D 和 D/A 转换、脉冲编码调制（pulse code modulation，PCM）编译码、音频路径转换、发射话音的前置放大、接收话音的驱动放大、双音多频（dual tone multi frequency，DTMF）信号发生等功能。

数字基带电路接收音频处理电路框图如图 5-10 所示。

数字基带电路发射音频处理框图如图 5-11 所示。

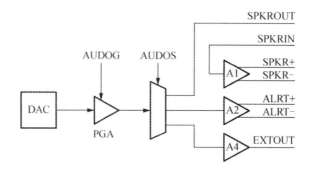

图 5-10　数字基带电路接收音频处理电路框图

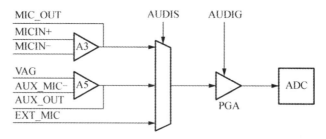

图 5-11　数字基带电路发射音频处理框图

5. 射频逻辑接口电路

在接收方面，射频逻辑接口电路接收射频电路输出的接收机模拟基带信号，并通过 ADC 处理将接收的基带信号转换为数字接收基带信号，并将其送到 DSP 电路进行进一步的处理。

在发射方面，射频逻辑接口电路接收 DSP 电路输出的数字发射基带信号，并通过 GMSK 调制（或 QPSK 调制等）、D/A 转换，将发射数字基带信号转化为模拟发射基带信号 TXI/Q。TXI/Q 信号被送到发射机射频部分的发射 I/Q 调制电路，调制到发射中频（或射频）载波。

射频逻辑接口还提供 AFC 信号处理、AGC 与 APC 信号处理等。

5.3　基带电路的故障维修

在大部分智能手机中会有两个处理器，分别为应用处理器和基带处理器。基带电路故障一般表现为无基带、无 Wi-Fi、无蓝牙等。

智能手机虽然种类繁多，但基带电路故障维修实用也是基本的方法主要有对地阻值法、电流法、电压法等。

5.3.1　对地阻值法

对地阻值法在手机维修中是较为常用的方法，其特点是安全、可靠，当用电流法判断出手机存有短路的故障后，此时对地阻值法查找故障部位十分有效。平时应注意收集一些手机某些测试点的对地阻值，如电池触点、供电滤波电容、SIM 卡座、芯片焊盘、集成电路引脚等处的对地电阻值。

在测量对地阻值时，数字万用表的黑表笔接地，用红表笔接电路的测试点，测出的结果为正向电阻值；数字万用表的红表笔接地，用黑表笔接电路的测试点，测出的结果为反向电阻值。在实际测量过程中，正向电阻值和反向电阻值都要测量。在检查手机时，可根据某点对地阻值的大小来判断故障。如果某一点到地的阻值是 10kΩ，故障机此点的阻值远大于10kΩ或无穷大，表明此点已断路；如果阻值为零，说明此点已对地短路。对地阻值法还可用于判断线路之间有无断线及元件质量好坏等。在不通电的情况下，用万用表电阻挡测有关点的正反向电阻，测得值与参考值对照。同时列一个表格，边测边记录数据，并注意积累经验数据。

5.3.2   电 压 法

电压法适用的手机故障很多，尤其是功能电路不工作的故障，如不显示故障、无信号故障、音频故障、Wi-Fi 电路故障等。

电压法是指用万用表测量电路中的电压，再根据电压的变化情况来确定故障部位。电压法是电子产品通用的维修方法，原则上适用于任何电子产品的维修，所以电压法在 iPhone手机维修中也是常用的维修方法。

指针万用表内阻较大，常用的 MF47 型指针万用表的内阻是 20kΩ，而数字万用表的内阻可视为无穷大。内阻越大的万用表对电路的影响就越小，所以在维修智能手机时，一般选择内阻较大的数字万用表。

5.3.3   电 流 法

在手机维修中，如果说维修工程师是医生的话，稳压电源相当于医生手中的听诊器，电流的变化相当于手机的"脉搏"。

任何一个有经验的手机维修师傅，对任何一部故障手机，分析其电流反应、电流状态，是判断手机故障的第一步，也是最基本和最重要的一步。所以，对于初学者，电流法可能是维修手机的起步，也是维修手机生涯要使用到的一个重要技能。

电流法主要适用于大电流不开机、按开机键无电流、小电流不开机等故障，最多的是不开机故障，但是有一个共同点，就是开机电流与正常手机不一样。

电流法是 iPhone 手机维修中常用的方法之一，原因有二：一是手机工作电压低，目前手机的工作电压为 3.7V，除了少数的升压电路之外，内部工作电压一般在 1～3.5V，电压变化幅度不明显；二是手机的工作电流变化幅度大，范围为 10～1000mA，很容易通过电流表观察手机工作状态的变化。在手机维修中，使用最多的维修仪器是直流稳压电源。

一线维修使用的一般是 0～15V/0～3A 的直流稳压电源，这种直流稳压电源不仅可以给手机提供电源，还可以观察手机的开机电流。

以不开机故障为例介绍电流法在智能手机维修中的应用。不开机是手机维修中常见的故障之一，维修工程师在维修一台不开机的手机时，首先要向用户了解引起故障的原因。一般存在以下几种情况：手机摔过、手机进水，由于充电引起或正常使用中出现故障。通过用户提供的信息，可判断故障范围。一般摔过的手机，主要检查有无虚焊，小元件有无摔掉；入水的手机，一般先清洗，再检查有无氧化、腐蚀的地方；因充电引起不开机的手机，主要检查元器件有无击穿、烧坏；正常使用中出现不开机的现象，主要检查是否由电池没电、接触不良等引起。

经过上述初步检查如果还不能判定故障范围，就需要加电试机，观察电流反应，根据电流反应来判定故障范围。以下是从实际维修中总结出来的几种不同的电流反应。

1. 大电流不开机

大电流不开机分为两种：一种是加上电源就出现大电流漏电；另一种是按开机键立即大电流。

（1）引起大电流不开机故障的原因。加电就出现大漏电电流，引起此故障的原因一般是手机上直接与电池供电相连的元器件损坏、漏电，如电源管理芯片、功率放大器、由电池直接供电的芯片等。

按开机键大电流反应，引起此故障的原因一般在电源的负载支路上，而损坏的元器件也较多样化，大的元器件如基带、应用处理器、射频电路、音频芯片、硬盘等，小的元器件如LDO供电管、滤波电容等。

（2）维修大电流不开机的方法。该故障维修方法有多种，如感温法、分割法、对地阻值法等。一般情况下，采用感温法较多，把直流稳压电源输出调到 0V，给手机供电，慢慢升高电压，电流到 500mA 左右停止，然后用手触摸电路板上的各元器件，多数情况下取下发烫较严重的元器件更换就能解决问题。如果电源管理芯片发烫，同时又有其他负载芯片烫手的话，则一般为负载芯片问题。

分割法一般是在无法具体确定哪个元器件发热的情况下使用，具体是把电源管理芯片输出的各个支路逐次切开，以判断是哪支电路出现漏电的情况。

对地电阻法也比较实用，但要靠平时多积累一些正常机型的阻值数据作为维修时的参考，这里不再赘述。

2. 按开机键无电流反应

（1）引起故障的原因。引起按开机键无电流反应的原因有 3 种：开机线有问题，开机键损坏引起开机键到电源的开机触发端有断线；电源管理芯片损坏，没有输出正常的开机触发信号；电源管理芯片到电池的正极有断线，没有电池供电到电源管理芯片上。

（2）维修按开机键无电流反应的方法。开机键出问题比较常见，而且处理也较容易，一般跳线就可解决。如果是开机按键的问题，直接更换即可。

对于电源管理芯片损坏，则需要更换电源管理芯片，注意电源管理芯片虚焊也可能造成按开机键无电流反应。

对于电源管理芯片无供电问题，使用数字万用表分别测量电源管理芯片的电池供电引脚就可以判断。

3. 小电流不开机

针对小电流不开机，可以根据各集成电路工作消耗的电流来判断故障范围。

首先找一个正常的智能手机，将电源管理芯片、时钟晶振、应用处理器、硬盘、基带等几个主要芯片拆下，然后逐个装上。观察拆下每一个芯片的电流变化，作为以后维修的依据。

电流法是基于有经验人员的维修之上的维修方法，需要相当深厚的手机理论基础。所以学习电流法，不要认为不需要学习手机的基础原理和理论，恰恰相反，而是对理论提出了更高的要求。不懂理论只能学会运用，懂理论可以做到充实、完善和提高，熟练地将维修方法运用到各类机型中。

5.3.4　基带电路维修技巧

基带电路故障对初学者来说，维修难度是比较大的，有下面几个原因：一是之前接触的都是传统手机，电路结构简单，维修难度小；二是没有良好的维修思路，维修基带电路不知从哪里入手。

1. 基带电路的故障表现

基带电路的主要故障表现为没有信号、Wi-Fi 和蓝牙，所以在一线维修中又把基带故障统称为"基带三无"故障。

在 iPhone 手机中，打开"设置"→"通用"→"关于本机"，可以看到基带相关的信息。其中，重点查看的是 Wi-Fi 地址、蓝牙、调制解调器固件 3 栏，如果显示 Wi-Fi 地址为 N/A、蓝牙地址为 00，并且看不到固件版本的话，这个机器就没有"基带"了，也就是所说的"基带三无"故障。

2. 基带故障维修思路

（1）掌握基带电路工作原理。在维修 iPhone 手机基带电路之前，首先要掌握基带电路的工作原理，iPhone 手机的基带电路工作原理与传统手机的逻辑电路有区别。

iPhone 手机的基带电路要严格按照一定的时序工作，掌握基带电路的工作时序后，才能进行维修。

（2）了解手机损坏原因。客户送来手机以后，了解损坏的原因。

如果是进水的手机，重点检查基带电路部分是否有元器件腐蚀，依次检查供电、控制通路的元器件。如果是摔过的手机，则重点检查是否有元器件脱焊，尤其是供电、基带等元器件。如果是被别人动过的手机，则重点检查被别人动过的元器件。

（3）检查供电电路。确定故障原因以后，检查基带电路的各路供电电压是否正常。在基带电路中使用了单独的电源管理芯片，如果有一路供电不正常，则基带电路可能就无法工作。为了准确判断故障范围，各路供电都要认真测量。

（4）检查控制信号。在基带电路中，主要检查的控制信号有时钟信号、复位信号、HSIC信号等。控制信号的检测一般要使用示波器来进行维修。

（5）合理运用对地阻值法。对地阻值法用途比较广泛，适用于不同的维修场合。在基带

电路故障维修中，可以运用对地阻值法来综合判断故障范围。

课后练习题

1. 简述智能手机基带的结构。
2. 基带电路的主要功能是什么？它是怎样工作的？
3. 仔细思考模拟基带电路与数字基带电路的工作原理差别有哪些。
4. 试维修一个有不开机故障的手机。

第6章　手机电源电路的原理与维修

学习目标

（1）充分掌握手机电源电路的结构与工作原理。

（2）熟悉手机电源电路故障检测的方法。

（3）能够对于电源电路进行故障分析并提出解决方案。

在智能手机中，一般有多个电源电路。电源电路在智能手机的电路中是至关重要的，它所起的作用是为智能手机各个单元电路提供稳定的直流电压。如果该电路出现问题，将会造成整个电路工作的不稳定，甚至造成智能手机无法开机。由于电源管理电路工作在大电流、高温度的环境中，往往容易出现问题，因此学习和理解电源电路的维修知识对日后的手机维修工作会有很大的帮助。

6.1　手机电源电路的结构

智能手机的电源电路位于智能手机的主电路板中，由于各品牌型号的智能手机电路板设计不同，所以电源电路的位置也不相同。

在电源电路中，重要的芯片包括充电控制芯片和电源管理芯片。其中，充电控制芯片主要负责对电池进行充电，并实时检测充电的电压。充电控制芯片用于保护电池的电路，可以防止电池过放电、过电压、过充、过温，能够有效地保护电池和使用者的安全。电源管理芯片使用脉冲宽度调制（pulse width modulation，PWM）技术，是一种通过微处理器的数字输出对模拟电路进行控制的技术。电源控制芯片是开关稳压电源电路的核心，负责对整个电路进行控制。

智能手机的电源电路主要由充电电路、时钟电路、复位电路、电源开关、电源输出电路等组成，如图6-1所示。

其中，充电电路负责检测电池的电量，并为电池进行充电；时钟电路负责产生开机所需的32.768kHz时钟信号；复位电路为应用处理器提供开机所需的复位信号；电源开关负责在开机时提供触发信号；电源输出电路负责输出手机其他单元电路所需的供电电压。

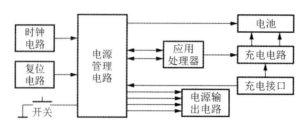

图 6-1 电源电路结构

电源电路总线接口介绍如下。

1. I²C 总线

I²C（inter integrated circuit）主要用于应用处理器与电源管理芯片之间的命令、数据传输，以及将经过 I²C 的电源管理芯片内部 ADC 所转换的数字信息写入应用处理器内。

2. DWI 总线

DWI（double wire interface）主要是应用处理器与电源管理芯片之间的串行接口线。电源管理芯片的软件控制接口能增强 I²C 控制和校正输出的电压等级和背光电压等级。它支持两种模式：直接传输模式，主要是 CPU 控制 PMU 输出电压的调整；同步传输模式，主要用于背光驱动的控制。

3. GPIO 接口

GPIO（general purpose input output）接口能够提供额外的控制和监视功能。每个 GPIO 接口可通过软件分别配置成输入或输出，提供推挽式输出或漏极开路输出。

6.2 手机电源电路的工作过程和原理

电源电路是智能手机用来为各个单元电路供电的主要电路。电源电路向来是故障高发区，如果想要诊断智能手机中电源电路的故障，首先需要对电源电路的结构原理进行深入了解。不同品牌智能手机的电源电路结构基本相同，工作过程和原理也基本相同。

6.2.1 电源电路工作过程

1. 开机过程

插上电池后，电池电压加到电源管理芯片的输入，其内部电源转换器产生约 2.8V 开机触发电压，并加到开机触发引脚。

当按下开机键时，电源触发引脚电压被拉低，触发电源控制芯片工作，并按不同电路的要求送出工作电压，同时电源管理芯片也送出一路比逻辑电压滞后约 30ms 的复位电压使逻辑电路复位，返回初始状态。另外，应用处理器控制电源管理芯片送出时钟电压，使 13MHz

晶振产生 13MHz 时钟信号，并输入应用处理器作为运行时钟信号。此时，应用处理器具备了电源、复位、13MHz 时钟信号等开机条件，于是应用处理器发送 CE 信号，命令 Flash 调取开机程序。Flash 找到程序后，反馈 OE 信号给应用处理器，并通过总线传送到暂存区运行并自检。自检通过后，应用处理器送出开机维持信号让电源管理芯片维持工作，手机维持开机状态。

电源电路开机过程（时序）如下：

（1）电池直接给电源管理器供电，电源管理芯片输出 PP1V8_Always 电压至开机触发器，此时做好开机准备。

（2）按下开机键开机，触发引脚电平被拉低，触发电源管理芯片开始工作，电源管理器输出各组电压给各个模块正常供电。

（3）当应用处理器供电正常时，开始为应用处理器提供工作频率，同时电源管理器给应用处理器输入复位信号。当应用处理器完成复位后，开始读取 NAND Flash 的开机引导程序，并进行开机自检。

（4）应用处理器开机自检通过后，输出开机维持信号给电源管理芯片，使电源管理芯片输出稳定的电压给各个模块供电。

2. 供电过程

智能手机的电源电路供电过程如下：

电源电路是手机其他电路的能源中心，电源电路只有输出符合标准的电压，其他电路才能工作。手机中任何一个电路，只要供电不正常，就会"罢工"，从而表现出各种各样的故障现象。可见电源电路在手机电路中的重要性。

手机所需的各种电压一般先由手机电池供给，电池电压在手机内部需要转换为多路不同的电压值供给手机的不同部分。

当智能手机安装上电池后，电池电压（一般为 3.7V）通过电池插座送到电源控制芯片，开机键有 2.8～3V 的开机电压。在未按下开机按键时，电源控制芯片未工作，此时电源控制芯片无输出电压；当按下开机键时，开机按键的其中一个引脚对地构成了回路，开机键的电压由高电平变为了低电平，此电压变化被送到电源控制芯片内部的触发电路。触发电路收到触发信号后，启动电源控制芯片，其内部的各路稳压器就开始工作，从而输出各路电压到各个电路。

3. 关机过程

手机正常开机后应用处理器的关机检测引脚有 3V 电压。在手机开机状态下再按开关机键，此时关机二极管导通，把应用处理器的关机检测引脚电压拉低。当应用处理器检测该电压变化超过 2s 时，确认为要关机，于是命令 Flash 运行关机程序。自检通过后，微处理器撤去开机维持电压，电源管理芯片停止工作，手机因失电而停止工作，即关机。当应用处理器检测该电压变化小于 2s 时，做挂机或退出处理。

6.2.2　充电电路工作原理

智能手机的充电控制芯片主要包括充电检测电路、充电控制电路、电量检测电路和过电压/过电流保护电路等。充电电路工作原理如下：

（1）充电检测电路检测充电器是否插入手机。若已插入，则通知处理器充电器已经插入，可以充电。若该电路出问题，会出现充电时无反应等现象。

（2）充电控制电路控制外电向手机充电或不充电，通知电源和充电模块电池已经低电，准备受控，快充还是慢充。若该电路出问题，会造成不充电、充不满电、过充电、始终充电等现象。

（3）电量检测电路检测充电电量的多少。当充满电后，向处理器发出信号，通知已充满电量。若该电路出问题，会出现始终充电或显示充电但充不进去电的现象。

（4）过电压保护电路。当充电时，交流端电压不稳定，会损毁电源及充电模块。过电压保护电路可防止出现这类问题。若该部分出问题，一般表现为加电打表现象，拆除或更换即可。

（5）过电流保护电路。过电流保护是充电电路设计的基本要求，没有过电流保护，手机在充电时将处于一种危险状况，极易出现烧毁机器的后果。出现这类问题是由于采用了劣质充电器或非原厂充电器，以及充电时间过久等。

6.2.3　复位电路工作原理

复位电路的作用是把电路恢复到起始状态，就像计算器的清零按钮一样，当计算完一个题目后必须要清零，或输入错误、计算失误时都要进行清零操作，以便回到初始状态重新进行计算。和计算器清零按钮不同的是，复位电路启动的手段有 3 种：一是在给电路通电时，马上进行复位操作；二是在必要时可以手动操作；三是根据程序或电路运行的需要自动地进行。复位电路都是比较简单的，一般电阻器和电容器组合就可以形成该电路。

电源复位电路的功能是在手机出现死机的情况下，将电源控制芯片复位，使电源控制芯片停止输出供电电压，将手机关机，达到复位的目的。

复位电路工作原理如图 6-2 所示。VCC 上电时，C_1 充电，在 R_2 上出现电压，使单片机复位。几毫秒后，C_1 充满，R_2 上电流降为 0，电压也为 0，使单片机进入工作状态。工作期间，按下 S，C_1 放电，在 R_2 上出现电压，使单片机复位；松开 S，C_1 又开始充电，几毫秒后，单片机进入工作状态。

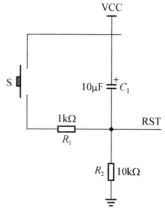

图 6-2　复位电路工作原理

6.2.4　降压式变换电路工作原理

在智能手机电源管理电路中，使用了多路 Buck（降压式变换电路）电路。多路 Buck 电路的好处是使多核 CPU 在处理数据时不会相互干扰；而用一个 Buck 电路可能负载过大，承受不了非常高的电流。

DC/DC Buck 称为直流开关型降压稳压器，又称直流降压斩波器。DC/DC Buck 使用电

感器和电容器作为能量存储器件，实现从高电压到低电压的转换，通过开关管的导通时间使
负载得到恒定的输出电压。Buck 电路框图如图 6-3 所示。

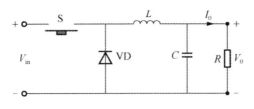

图 6-3　Buck 电路框图

在图 6-3 中，L 是储能滤波电感，它的作用是在控制开关接通期间限制大电流通过，防
止输入电压直接加到负载上，对负载进行电压冲击；同时，把流过电感的电流转化成磁能进
行能量存储，并在控制开关关断期间把磁能转化成电流，继续向负载提供能量输出。C 是储
能滤波电容，它的作用是在控制开关接通期间，把流过储能电感的部分电流转化成电荷进行
存储，并在控制开关关断期间把电荷转化成电流，继续向负载提供能量输出。VD 是整流二
极管，主要功能是续流，故又称续流二极管，其作用是在控制开关关断期间，为储能滤波电
感 L 释放能量提供电流通路。

6.2.5　模拟多路复用器电路工作原理

模拟多路复用器在实际应用中取代了很多测试点，其工作原理为通过内部多路模拟开关
将需要测试的模拟量与公共测试点（又称超级测试点）相连，此时既可以通过电源管理芯片
内部的 ADC 来转换该模拟量，再读取其结果；也可以在超级测试点通过万用表测量其模拟
量大小。模拟多路复用器内部框图如图 6-4 所示。

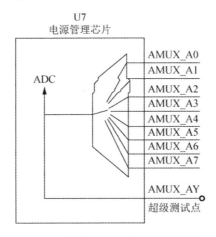

图 6-4　模拟多路复用器内部框图

6.2.6　整流滤波电路工作原理

日常生活中普遍使用的电压是 220V 的正弦交流电。交流市电的特性：有效值为 220V，

峰值等于有效值的 $\sqrt{2}$ 倍，频率为 50Hz，周期（T）是 0.02s。而绝大多数电子设备使用的是低压直流电，所以交流市电必须要经过降压和变换后成为直流电，才能用于电子设备。在电路中，将交流电压（电流）变换为单向脉动直流电压（电流）的过程称为整流，通常称为 AC/DC 转换。下面将分析整流滤波电路的工作原理。

1．单相半波整流滤波电路

1）半波整流

半波整流主要由变压器 T、整流二极管 VD 和负载 R_L 组成。图 6-5 所示为半波整流电路，T 为电源变压器。假定一次侧接入 220V 交流市电电压 U_1，利用变压器的原理在一次侧得到交流电压 U_2（假定变压器为降压），其波形如图 6-6 所示。

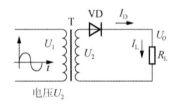

图 6-5　半波整流电路

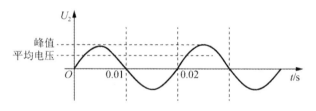

图 6-6　U_2 的波形

当二极管 VD 正向导通，相当于开关接通，如图 6-7 所示，有电流流过二极管和负载 R_L，若二极管正向压降忽略不计，那么在负载上的电压 $U_0 \approx U_2$，如图 6-8 中 0～0.01s 期间。

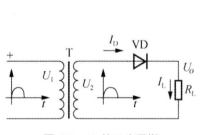

图 6-7　U_2 的正半周期

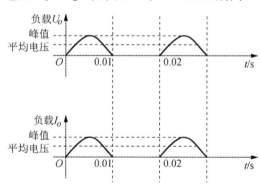

6-8　半波整流电路

在 U_2 的负半周期间，U_2 变为上负下正，二极管 VD 因反偏而截止，相当于开关断开，如图 6-9 所示，没有电流流过负载，在负载上的电压 U_0 为 0，如图 6-10 中 0.01～0.02s 期间。

由此可以看出，半波整流只用了交流电的半个周期，另半个周期没有利用，而且负载有 0.01s 的缺电期。在负载上形成的平均电压为 $\overline{U} = 0.45 U_2$。这里是以交流电压为例来说明的，实际上也可以对脉冲电压进行整流。对脉冲电压进行整流在开关电路中应用很多。

2）滤波电路

从图 6-8 可以看出，整流后在负载上得到的电压呈间断状态，称为单向脉动直流电（电流方向不变，总是自上而下流过负载），大多数电子设备在这样的供电情况下仍然不能正常工作，表现出来就是出现故障。为了给负载供给稳定的直流电压，还需要进行滤波。

滤波的目的是将脉冲直流电的脉动成分削弱，使输出电压更加平稳。滤波的方式包括电容滤波、电感滤波、阻容滤波和 π 型滤波。

（1）电容滤波。电容滤波的电路原理图如图 6-10 所示。

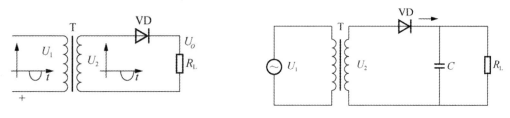

图 6-9　U_2 的负半周期　　　　　　　　图 6-10　电容滤波电路原理图

电容滤波电路实际上就是在半波整流电路原理图中的负载上并联一个电容 C。

变压器二次电压 U_2 波形如图 6-11 中虚线所示。当 U_2 处在第一个正半周的上升期（0～T_1）时，二极管 VD 导通，其电流向电容 C 充电，电容上的电压很快被充到 U_2 的峰值。当 U_2 下降时，电容 C 上的电压暂时保持在其峰值，因电容两端电压不能突变，所以二极管处于反向截止，电容上的电压通过负载缓慢放电，电压渐渐降低，如图 6-11 中 T_1～T_2 期间。

到达 T_2 时，由于 T_2 变到第二个正半周上升期并使二极管重新导通，再向电容 C 充电，电容的电压 U_C 又随 U_2 升高，再次达到峰值，这样重复下去得到图 6-11 的波形，呈锯齿波形或三角波形。其负载电压 U_L 的平均电压大幅提高。

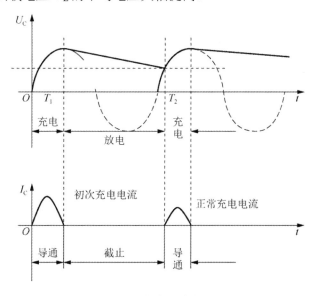

图 6-11　电容滤波波形图

在电网电压发生突变时（升高或降低），电容两端的电压不会发生大幅波动。当电网电压突然升高时，U_2 整流后对电容的充电电流加大，因电容两端电压不能突变，所以电容上的电压上升缓慢，削弱了浪涌电流对负载的冲击，起到保护负载的作用。同理，若 U_2 突然下降，虽然 U_C 也下降，但电容上被充的电压不能突变，只能通过负载缓缓放电，使负载上的电压也不会突然降低。

电容滤波电压的特点如图 6-12 所示。

图 6-12　电容滤波电压的特点

具体介绍如下：

① 输出电压没有了间断区，滤波后的直流电压比无电容时提高了，几乎达到 U_2 的峰值。在实际中，由于电容 C 的放电及整流管内阻等因素，会使输出电压略低，约等于 U_2。

② C 越大，R 越大，放电所引起的电压下降越小，输出电压略有提高。

③ 滤波后的电压仍呈锯齿波形，用示波器可清楚地看到其波形。

④ 由于电源电压只在半个周期内有输出，电源利用率低，脉冲成分太大。

（2）电感滤波。电感滤波电路原理图如图 6-13 所示。

由电感本身的物理特性可知，当通过电感的原电流突然增大时，电感自身就产生一个感应电动势，其方向与增大的电流方向相反，两者相抵消一部分，阻碍电流的增大；当通过电感的原电流突然减小时，电感自身同样能产生一个感应电动势，其方向与减小的方向相反，阻碍电流的减小。这样的特性使变化的电流不能通过电感线圈加到负载上，使负载上的电压变化较小，从而起到稳压的作用。

（3）阻容滤波。阻容滤波电路原理图如图 6-14 所示。

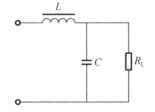

图 6-13　电感滤波电路原理图

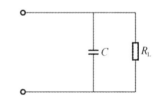

图 6-14　阻容滤波电路原理图

阻容滤波电路是利用电阻和电容器进行滤波的电路，一般在整流器的输出端串联接入电阻，在电阻的两端并联接入电容，这种阻容滤波电路是最基本的滤波电路。阻容滤波电路的优点是滤波效能较高，兼降压限流作用；缺点是带负载能力差，有直流电压损失。阻容滤波电路适用于负载电阻较大、电流较小及要求纹波系数很小的场合。对直流电源的质量要求不太高的情况下，也能够满足要求。

（4）π 型滤波电路。π 型滤波电路有 RC 滤波电路和 LC 滤波电路两种，图 6-15 所示电路中的 C_1、C_2 是两只滤波电容，R 是滤波电阻，C_1、R 和 C_2 构成一 π 型 RC 滤波电路。电路中 R 的取值不能太大，一般几至几十欧姆，其优点是成本低，缺点是电阻要消耗一些能量。

π 型 LC 滤波电路中将电阻 R 换成了电感 L，如图 6-16 所示。因为滤波电阻对直流电和交流电存在相同的电阻，而滤波电感对交流电感抗大，对直流电的电阻小，这样既能提高滤波效果，又不会降低直流输出电压。LC 滤波电路的缺点是电感体积大、笨重、价格高，用在要求高的电源电路中。

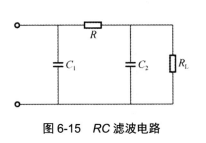

图 6-15　RC 滤波电路

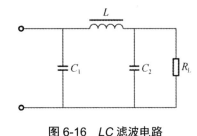

图 6-16　LC 滤波电路

2. 单相全波整流滤波电路

由于半波整流存在输出电压脉动大，电源利用率低等缺点，因此常采用全波整流，其电路如图 6-17 所示。与半波整流不同的是变压器多了一个中间抽头，其 1～0 绕组与 0～2 绕组匝数相等。

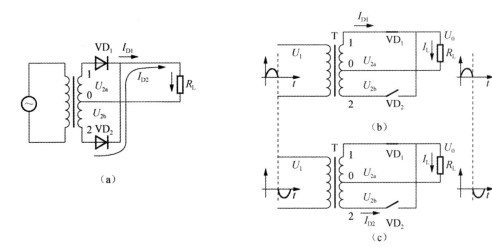

图 6-17　单相全波整流滤波电路

对于图 6-17 中（a）和（b），输入交流电压 U_1 为正半周时，变压器二次感应电压 U_2 被分为两部分，即 U_{2a} 和 U_{2b}。U_{2a} 由变压器二次绕组 1～0 产生，设极性为"1 正 0 负"；U_{2b} 由变压器二次绕组 0～2 产生，极性为"0 正 2 负"。二极管 VD_1 因正偏而导通（相当于开关接通），电流自上而下流经负载 R_L 到变压器中心抽头 0 端；二极管 VD_2 因反偏而截止（相当于开关断开）。当输入交流电压 U_1 为负半周时，变压器二次感应电压极性为"1 负 0 正""0 正 2 负"，因而 VD_1 截止、VD_2 导通，电流还是自上而下流经负载到中心抽头 0 端。

当交流电进入下一个周期时，又重复上述过程。可见，交流电的正负半周使 VD_1 与 VD_2 轮流导通，在负载上总是得到自上而下的单向脉动直流电电流。与半波整流相比，它有效地利用了交流电的负半周。

单相全波整流电路的波形如图 6-18 所示。

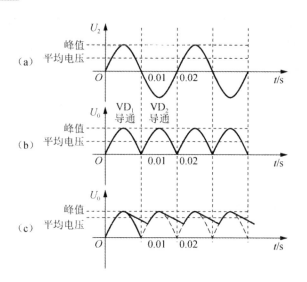

图 6-18 单相全波整流电路的波形

从图 6-18 中可以看出，全波整流电路的输出电压比半波整流提高了，$U_0=0.9U_2$。

3. 桥式整流滤波电路

由于半波整流电路中，电源电压只在半个周期内有输出，电源利用率低，脉冲成分比较大。所以，为了克服半波整流的缺点，实际设计电路时，多采用桥式整流滤波电路。

从图 6-19 中可以看出，该电路用了 4 个整流二极管，其工作原理：假设 U_2 为变压器二次交流电压，在 U_2 的正半周期间，变压器二次侧为"上正下负"，二极管 VD_1、VD_3 因正偏导通，电流由 1 端流出经 VD_1、R_L 和 VD_3 回到变压器 2 端，在负载上得到"上正下负"的电压，此时，VD_2 和 VD_4 因反向而截止，波形如图 6-20 所示。注意电流的方向和通路。

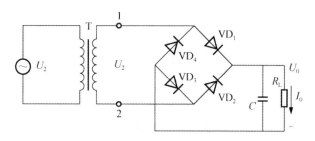

图 6-19 桥式整流及滤波电路原理图

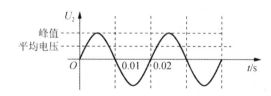

图 6-20 桥式整流及滤波电路波形

在 U_2 的负半周期间，变压器二次侧为"上负下正"，二极管 VD_2、VD_4 导通，VD_1、VD_3

截止，电流由 2 端流出，经 VD$_2$、R_L 和 VD$_4$ 回到变压器 1 端，在负载上得到的仍是"上正下负"的电压，可见在 U_2 的整个周期内 VD$_1$、VD$_3$ 和 VD$_2$、VD$_4$ 各工作半周，两组轮流导通，在负载上总是得到"上正下负"的单向脉动直流电压，其波形变化如图 6-21（a）所示。

当在负载两端并接电容 C 滤波时，其输出电压更加平稳。其输出电压波形如图 6-21（b）所示。

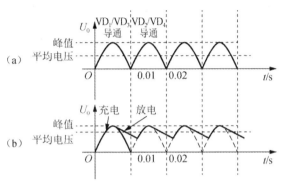

图 6-21　桥式整流及滤波电路原理图

桥式整流及滤波电路的特点：脉动减小，电源利用率提高。桥式整流电路的输出电压在无电容时约为 $0.9U_2$；桥式整流后的滤波电路同单相滤波电路，滤波后的输出电压为 $\sqrt{2}\,U_2$。

6.3　手机电源电路故障维修

电源电路是供电、充电的能源电路，若该电路出现故障，经常会引起不开机、耗电量快、充电不足等故障现象。

当怀疑电源电路出现故障时，可首先采用观察法检查电源电路的主要元器件有无明显损坏迹象，如观察充电器接口、USB 接口触点是否有氧化现象、开/关机键是否有明显损坏迹象等。若出现上述情况，则应立即对氧化的接口触点进行清洁处理，或更换损坏的开/关机键。若从表面无法观测到故障部位，需要对智能手机的电源电路进行逐级排查。

若智能手机不开机，应重点检查复位电路、电池供电电路中的相关元器件，如开/关机键、时钟晶振、电池接口、电源管理芯片等。

若智能手机不能使用充电器充电，应重点检查主充电电路中的相关元器件，如充电器接口、主充电控制芯片、电流检测电阻、电源管理芯片等。

若智能手机不能使用 USB 充电器充电，应重点检查 USB 充电电路中的相关元器件，如USB 接口、USB 充电控制芯片、电流检测电阻、电源管理芯片等。

对智能手机电源电路的检测可使用万用表或示波器等测试仪器进行，并将实际检测到的电压值、电阻值或信号波形与正常智能手机电源电路中的电压值、电阻值或信号波形进行比较，即可判断出电源电路的故障部位。

手机电源电路的故障维修一般有电压法与电流法两种方法。

电压法是指测试手机在不同阶段或不同模式下产生的电压的方法。电压包括 3 种类型：

一是手机在装上电池的时候就能够产生的电压，如备用电池供电、功率放大器供电电压等；二是手机在按下开机键后就能够出现的电压，如系统时钟电路的供电电压、应用处理器电路供电电压、Flash 供电电压等，这些电压必须是持续的；三是软件运行正常后才能出现的电压，如接收机部分电压、发射机部分电压等。电流法是指通过测试电流观察手机工作电路，再判断手机故障范围。

结合电压法、电流法，基本可以准确判定手机供电电路的故障点。

6.3.1 电压法

5.3.2 节已经详细介绍了电压法，这里不再赘述。下面主要介绍手机在不同阶段或不同模式下产生的电压，以备测试时使用。

1. 上电池产生的电压

手机装上电池后，电池电压首先送到电源电路，手机处于待命状态，若此时按下开机键，手机立即执行开机程序。

1）电源管理芯片供电电压

电池输出的电压一般先送到电源管理芯片电路，经电源管理芯片转换成不同的电压再送到负载电路中。电源管理芯片会输出多路不同的电压，主要是因为各级负载的工作电压、电流不同，这样可避免负载之间通过电源产生寄生振荡。

2）功率放大器供电电压

在绝大多数手机中，功率放大器的供电电压也是由电池直接提供的。手机装上电池后，电池电压直接加到功率放大器的 4 号引脚，为功率放大器供电。

3）功能电路供电电压

电池电压还给手机中不同的功能电路直接供电，如音频放大电路、升压电路、射频供电电路等。

2. 按下开机键产生的电压

按下开机键以后，手机的电源管理芯片会输出各路工作电压至逻辑部分，也就是应用处理器电路。

按下开机键以后产生的电压很有特点，该电压一般是持续输出的，主要供给应用处理器电路，以保障应用处理器稳定、持续地工作。

3. 软件正常运行才能产生的电压

在智能手机中，有些供电电压不是持续存在的，而是根据需要由 CPU 控制电压输出，尤其是射频部分和人机接口电路等，这样做的目的是省电。下面举两个例子来进行说明。

1）送话器偏置电压

送话器的偏置电压是一个 1.8～2.1V 的电压，只有在建立通话的时候才能出现。也就是说，只有按下发射按钮以后，偏置电压才能出现，加到送话器的正极。在待机状态下，无法测量到这个偏置电压。

2）摄像头供电电压

在一般智能手机中，摄像头的供电电压不是持续存在的，只有打开摄像头功能菜单时，应用处理器输出信号，摄像头供电电压才有输出。

6.3.2　电流法

在手机维修中，利用电流法判断手机故障是常用的方法之一，尤其针对不开机故障。手机开机后，工作的顺序依次是电源、时钟、逻辑、复位、接收、发射。手机每一部分电路工作时，电流的变化都是不同的，电流法就是利用这个原理来判断故障点或故障元器件的。

5.3.3 节已经详细介绍了电流法，在此不再赘述。用电流法配合直流稳压电源判断手机故障，需要在维修中不断积累经验，才能掌握更多的技巧。

6.3.3　电池充电故障维修

智能手机电池充电电路常见的故障主要包括以下方面：

（1）连接充电器后，手机无任何反应。

（2）刚接上充电器时，手机可以充电，但充一段时间后就没有任何反应了；把充电器拿下再重新插上后又可以充电，但过一段时间后又出现了同样的情况。

（3）接上充电器后，手机显示充电；拿下充电器后，手机仍显示正在充电，要过一段时间才会消失。

（4）手机只要一装上电池就显示"正在充电"。

（5）用原装电池充电不能充电，用非原装电池充电却可以正常充电。

（6）刚接充电器后手机显示"正在充电"，但过了一段时间后，就显示"未能充电"。

（7）接上充电器后，手机直接显示"未能充电"。

（8）电池显示总是满格，充电则显示"未能充电"，伴随有用电池手机不能开机，用稳压电源却可以开机的故障（但不是短路电池对地的人为情况）。

各种手机的充电电路虽然各不相同，但工作原理基本一致。充电电路一般由 3 个部分组成：一是充电检测电路，用来检测充电器是否插入手机充电座；二是充电控制电路，用来控制外接电源向手机电池进行充电；三是电池电量检测电路，用以检测充电电量的多少。当电池充满电时，电池检测电路向逻辑电路提供"充电已好"的信号。逻辑电路控制充电电路断开，停止充电。一般来说，当充电检测电路出现问题时，会出现开机就显示充电符号、不充电等故障；当充电控制电路出现问题时，会出现不充电故障；当电池电量检测电路出现故障时，会出现充电时始终充电或显示充电符号但不能充电的故障。

电池充电电路检修方法如下：

（1）检查智能手机的充电器或 USB 数据线是否完好。如果损坏，更换充电器或 USB 数据线。

（2）如果数据线检测后没有问题，检查电路板的 USB 接口或充电接口供电引脚电压是

否为5V。如果不是，则加焊或更换损坏的电池接口。

（3）如果电池接口电压正常，检查充电接口连接的保险电阻、电容和电感等是否正常。如果不正常，更换损坏的元器件。

（4）如果以上均检测正常，则检查充电控制芯片的输出电压是否正常。如果不正常，加焊或更换充电控制芯片。

（5）如果充电控制芯片的输出电压正常，则检查充电控制芯片周边元器件是否正常。如果不正常，加焊或更换损坏的元器件；如果正常，则可能是电源控制芯片有问题，检查电源控制芯片。如果电源控制芯片已经损坏，则进行更换即可。

课后练习题

1. 简述智能手机电源电路的结构。
2. 简述手机充电电路的工作原理。
3. 试检测手机的电源电路，观察电源输出电压是否完好。

第7章 手机整机故障诊断与维修

（1）充分掌握手机整机故障的检修流程。

（2）掌握手机不开机故障、不入网故障的诊断与维修方法。

（3）能够对手机进行故障分析并提出解决方案。

智能手机已经渗透到人类生活的各个方面，因此手机的维修与每个人的生活都是息息相关的。经过前面的讲解，读者应当已经能够掌握元器件检测、手机结构及各种电路的检修，本章将重点讲解智能手机整机故障诊断流程，以及典型故障诊断与维修方法。

7.1 智能手机整机故障

7.1.1 智能手机故障分类

智能手机的故障可以按以下方式进行分类：

（1）不拆开手机，只从手机的外表来看，其故障可分为3类，第一种为完全不能工作，即不能开机，或接上电源后按下开机键无任何反应。第二种为不能完全开机，即按下开机键后能检测到电流，但无开机正常提示信息，如按键照明灯、显示屏照明灯全亮，显示屏也有字符信息手机开机显示，振铃器出现开机后自检通过的提示音等。第三种是能正常开机，但部分功能发生故障，如按键失灵、显示不正常（字符提示错误、黑屏、字符不清楚）、无声、不能送话等。

（2）拆开手机，从手机电路板来看，其故障也可分为3类，即供电充电及电源部分故障、软件故障和收发通路部分故障。这3类故障之间的联系为手机软件故障影响电源供电部分、收发通路锁相环电路、发送功率等级控制、收发通路的分时同步工作等；而收发通路的参考晶振又为手机软件工作提供运行的时钟信号，其故障后，影响手机软件工作。

（3）从电子元器件故障特点分类，其故障可以分为接点开路故障、电子元器件损坏和软件故障3类。

接点开路故障如导线的折断、插拔件的断开、接触不良等，检修起来一般比较容易。电子元器件损坏（除明显的烧坏、发热外）一般很难凭肉眼发现，必须借助仪器才能检测判断。

存储器容易出现软件故障，一般为局部损坏，如击穿、开路、短路、功率放大器芯片损坏等。

（4）按故障性质不同，其故障可以分为5类，即不开机故障、不入网故障、不识卡故障、不显示故障和进水故障。

智能手机的工作状态有开机状态、发射状态、待机状态等，不同工作状态有不同的工作电流。一般手机的开机电流为50～150mA，发射电流为150～250mA，待机电流为10～15mA。

正常情况下，用电流表测手机电流。按下开机键，所有背景灯先亮，电流上升到50mA左右，说明电源已开始工作；之后电流上升到100mA左右，说明射频接收电路开始工作；若电流上升到200～250mA，则说明射频接收和发射电路均已工作，且在寻找网络；电流又回落到150mA左右，说明已找到网络，处于待机状态，但背景灯还在亮；然后背景灯熄灭，电流回落到10～15mA，指针来回摆动，说明手机开始待机。上述电流变化可观察到，说明手机工作正常。

电流表显示的数值是手机工作时各单位电路电流的总和，不同工作状态下的电流基本是有规律的。手机出现故障，电流必然发生变化。有经验的维修人员可以通过不同的电流值，大致判断故障发生的部位。

维修时，将电流表串联在手机电源电路中。下面总结根据电流变化判断手机故障的经验。

（1）若按下开机键手机不能开机，电流表指针不动或微摆。这种情况可能是开机信号断路或电源控制芯片不工作导致的。

（2）若按下开机键手机不能开机，但有几十毫安的电流流过电流表，然后消失。这说明电源电路部分基本正常，故障可能是时钟电路、逻辑电路或软件不正常造成的。若电流表指针有轻微摆动，则时钟电路应该是正常的，故障一般由软件故障引起；若电流表指针不摆动，则可能是时钟电路故障或处理器没有正常工作；若电流表指针停留在几十毫安不动，且按开机键也无反应，则多为软件故障。

（3）若按下开机键手机不能开机，但电流表指针指示电流200mA左右稍停一下马上又回到零。这是典型的存储器资料错乱引起的软件不开机。

（4）若手机通电后就有20～30mA漏电（不按下开机键），则表明电源部分有元器件短路或损坏。

（5）若按下开机键，电流表显示有大电流，表明电源部分有短路现象或功率放大器部分有元器件损坏。

（6）若手机能开机，但待机状态时的电流比正常情况大，表明负载电路有元器件漏电。检修方法为给手机加电1～2min后，用手背去感觉哪一个元器件发烫，发烫的元器件可能损坏。大多数情况下，将这一元器件更换即可排除故障。

（7）若手机能开机，拨打"112"观察电流的变化。若电流变化正常，则说明发射电路工作正常；若无电流变化，则说明发射电路不工作；若电流变化过大，则说明功率放大器电路损坏。

（8）若手机加上电池就漏电，可以先取下电源控制芯片。若取下后不漏电，则说明故障由电源控制芯片引起；若仍漏电，则说明故障由电池正极直接供电元器件损坏或其通电线路自短路引起。可以根据电池给手机供电原理查找线路或元器件进行检修。

（9）若手机无信号强度指示或无网络，可根据电流表指针摆动情况判断故障的大致范围。

正常情况下，在手机寻找网络的同时，电流表指针不停摆动，幅度在 10mA 左右。如果电流表指针摆动正常，但无网络，故障范围大多发生在射频发射电路部分或功率放大器电路部分。若电流表指针摆动不正常也无信号强度指示，则故障范围大多发生在射频接收电路、时钟电路部分。

7.1.2　智能手机整机故障检修流程

智能手机维修流程如下：

（1）询问故障现象。与用户确认手机以前是否维修过，如果维修过，要询问用户以前维修的故障名称，据此判断是否同样的故障再次产生，以便找准故障范围及原因。

（2）直观检查。

① 仔细观察手机的外壳，看是否有断裂、擦伤、进水的痕迹。如果有，则询问用户痕迹产生的原因，由此明确手机是否被摔过。被摔过的手机易出现元器件脱落、断裂、虚焊等现象；进水的手机会出现各种不同的故障现象，严重的会损坏集成电路或电路板。

② 打开后盖，仔细观察电池与电池弹簧触片间的接触是否松动、弹簧片触点是否污染，这些现象易造成手机不开机、断电等故障。

（3）开机检查。

① 手机开机，仔细观察手机屏幕上的信息，看信号强度值是否正常，电池电量是否充足，显示屏是否完好。

② 若手机屏幕上无信号强度值指示或显示检查 SIM 卡等故障，可先用一个好的 SIM 卡插入手机，如果手机能正常工作，则说明是 SIM 卡坏引起的故障；如果故障仍不能排除，则说明手机电路上出现故障。

（4）打开机壳进行进一步直观检查。手机不通电，取出电路板，在台灯下用放大镜仔细观察。

① 观察电路板线条间有无短路、粘连、开焊、阻容件脱落的情况。

② 观察集成块有无鼓包、裂纹，阻容件、晶体管有无变色。

在这一步，要明确整机结构、布局和主要元器件分布的位置，为下一步检查做准备。

（5）加电后直接观察。用外接稳压电源为手机电路板加电，检查手机电路板上的元器件有无异常温升。按动某些按键观察稳压电源的电流反应，进一步核实故障范围。

（6）静态测量。用万用表测电路的工作状态，通常是测电压，测得值与参考值对照判断故障。参考值的来源有手机电路图纸，如芯片引脚电压，一些重要测试点"TP"；维修手册，由有经验的专职维修人员提供；经验数据，在维修中，测取的正常数据，也可以说是一种经验的积累。

（7）找到故障原因后，对故障进行维修处理，并进行开机测试。

维修人员必须准确了解手机的版本信息和每个元器件的性能，了解电路的逻辑关系，进行电路分析，仔细地检查，正确地判断，快而准确地操作，避免因误判导致人为故障，造成经济损失。

7.2　不开机故障诊断与维修

智能手机不开机故障是指按下开机键，手机没有反应，屏幕黑屏，没有开机画面。智能手机不开机故障的原因很多，有供电方面的原因，有时钟电路方面的原因，有复位电路方面的原因，有处理器方面的原因，也有软件方面的原因。下面进行详细介绍。

1）电池接触不良引起无法开机

智能手机的电池如果接触不良，将无法提供电压，导致手机无法开机。导致电池接触不良的原因有电池触点脏污；电池变形（如体积变小）；手机中的电池触点弹性变差，无法与电池触点紧密接触。

2）开机线路不正常引起的不开机

正常情况下，按下开机键，开机键的触发端电压应有明显变化；若无变化，一般是开机键接触不良或开机线断线，元器件虚焊、损坏。维修时，用外接电源供电，观察电流表的变化。若电流表无反应，一般是开机线断线或开机键接触不良。

3）电池供电电路不良引起的不开机

大部分手机加上电池或外接电源后，供电电压直接加到电源控制芯片上。如果供电电压未加到电源控制芯片上，则手机不能开机。

如果电池供电电路中有元器件损坏，则电源模块有可能得不到电池的供电电压，从而导致手机不能开机。一般来说，如果供电电路不良，按下开机键时电流表无反应。这和开机线路不良十分相似。

4）电源控制芯片不正常引起的不开机

手机若要正常工作，电源电路就要输出正常的电压供给负载电路。在电源电路中，电源控制芯片是核心部分。智能手机普遍采用几块电源模块供电，也有少数智能手机采用一块电源模块供电。但无论何种情况，如果电源控制芯片不能正常工作，就有可能造成手机不能开机。

电源控制芯片输出的逻辑供电电压、13MHz 时钟供电电压，在按下开机键的过程中应能测到（不一定维持住）。若测不到，在开机键、电池供电正常的情况下，说明电源控制芯片可能出现了虚焊或损坏。电源控制芯片虚焊或损坏需采用重新植锡或更换的方法加以维修。

5）系统时钟和复位不正常引起的不开机

时钟信号是微处理器正常工作的条件之一。手机的系统时钟一般采用 32.768kHz 和 13MHz。32.768kHz 时钟用作开机时钟，若此时钟信号不正常，逻辑电路不工作，手机不能开机。

检测时钟信号时，用示波器测 13MHz 时钟输出端上的波形，如果无波形，则检查 13MHz 晶振及谐振电容是否损坏。

若 13MHz 时钟输出端上有波形，则接着测试处理器时钟输入引脚有无波形，如果无波形，则应检查线路中电阻、电容、放大电路是否虚焊或无供电及损坏。

另外，有些手机的时钟晶振采用的是 26MHz。它产生的振荡频率要经过中频芯片分频为 13MHz 后才供给微处理器，检测时应加以注意。

复位信号也是微处理器的工作条件之一，其符号是 RESET，简写为 RST。复位一般直接由电源控制芯片通往微处理器，或使用一专用复位小集成电路。复位信号在开机瞬间存在，开机后测量时已为高电平。如果需要测量正确的复位信号波形，应使用双踪示波器，一路测微处理器的电源，一路测复位。维修中发现，因复位电路不正常引起的手机不开机并不多见。检测复位信号实操步骤：将万用表调到"5V"直流电压挡，将万用表黑表笔接地，红表笔接电源控制芯片的复位信号引脚，在开机瞬间测量复位信号。

6）逻辑电路不正常引起的不开机

逻辑电路检测重点是处理器对各存储器的片选信号 CE 和许可信号 OE。这些信号很重要，但关键是必须会寻找这些信号。越来越多的手机逻辑电路采用了 BGA 封装的集成电路，给查找这些信号带来了很大的困难。所以，最好对照图纸来查找这些信号及其测量点。片选信号是一些上下跳变的脉冲信号，如果各存储器都没有片选信号，说明微处理器没有工作，应重点检查微处理器是否虚焊。如果某个存储器没有片选信号，多为该存储器损坏。如果各存储器都有片选信号，说明微处理器工作正常，故障可能是软件故障、总线故障或某个存储器损坏。检测线路信号实操步骤：先将示波器的接地夹接地，再将示波器的探头接在手机主板的总线信号测试点上。

手机在使用中经常会出现机板变形，如由于、摔、碰等外力原因会引起某些芯片脱焊，从而导致故障。一般补焊或重焊这些芯片会解决大部分问题。当重焊或更换正常的芯片后仍不能开机，并且使用免拆机维修仪读写也不能通过时，应逐个测量外部电路和更换这些芯片。

7）软件不正常引起的不开机

软件通不过手机就会不开机。软件出错主要是存储器资料不正常。当线路没有明显断线时，可以先更换正常的 EEPROM、版本或重写软件。有的芯片内电路会损坏，重写时则不能通过。重写软件时，应将原来的资料保存，以备应急修复。

7.3   不入网故障诊断与维修

智能手机不入网是指手机开机后不能进入 GSM 网络或 CDMA 网络。正常情况下，手机开机后查找网络，显示屏上应显示网络运营商名称，如"中国移动通信"或"中国联通"。

智能手机入网的条件是接收通路和发射通路全部正常，所以导致智能手机不入网故障的原因也就有两个方面：一是接收通路不正常；二是发射通路不正常。不入网故障是手机维修中的一项大故障，检修过程较为复杂，引发原因有很多，下面进行详细分析。

1）检查接收通路

智能手机不入网故障的判断方法：进入"网络选择"，选择手机的搜索网络功能，如果显示屏上显示"中国移动通信"或"中国联通"，则说明手机的接收通路是正常的，故障应该在发射通路；如果显示屏上显示"无网络服务"，则说明手机接收通路发生了故障。

对于手机不入网故障，必须首先排除接收通路故障，再排除发射通路故障。这是因为，收发通路由共用的锁相环实现而且手机入网过程是接收通路正常后，先收到基站的信道分配信息，发射通路才能工作。接收通路的常见故障部位是接收滤波器、中频电路等。

检查接收通路故障应检查并测试下列部位：

（1）天线及天线与主板的连接，以及天线开关及其控制。检测天线开关实操步骤：将万用表红表笔接天线开关的其中一端，将万用表黑表笔接天线开关的另一端，测量阻值。

（2）接收滤波器、射频放大器及其供电和双模工作方式切换电路。

（3）混频器及其本振信号和表面滤波器。

（4）功率放大器及其供电、解调电路。

（5）射频供电电压等。

2）检查发射通路

当确定故障发生在发射通路时，可以拨打"112"，按下发射键（需要手机在能搜索到网络的前提下），注意观察维修电源上的电流指示，如果有大的上升电流（110mA 左右），说明逻辑电路的控制信号基本正常，故障在频率产生电路；如果看不到明显的电流上升，则说明逻辑电路的控制信号或功率放大器有故障；若一按下发射键，手机就关机或电流上升过大，则多是功率放大器电路存在故障。

发射通路的故障涉及部位较多，如射频收发器、射频功率放大器、滤波器、射频控制芯片及给上述各部件供电的电源等。手机中的射频供电和双频的自动切换一般要由微处理器控制。如果软件有故障，一方面会使接收启动信号和发射启动信号不正常，另一方面也会使网络模式转换信号不正常，这些不正常的因素都会引起手机不入网。

软件故障主要体现在发射开关控制信号 TXON 的正常与否。在检修时，如何进行判断是关键。最常用的方法就是拨打"112"时，用示波器进行检测。若无 TXON 波形输出，一般为软件故障。

软件故障还可以通过观察稳压电源的电流表是否摆动进行判断。在拨打"112"时，电流表有规律地摆动，说明软件运行正常；电流表仅几十毫安且无摆动，说明软件运行不正常。

智能手机不识卡是一个可大可小的故障，小则是很简单的接触不良问题，大则可能是需要更换处理器的故障。但纵观各类手机的 SIM 卡电路均是比较简单的，维修起来只要思路正确、方法得当，一般能排除故障。

智能手机不识卡故障通常由以下几点原因造成：

（1）SIM 卡脏污或已损坏。

（2）SIM 卡座触点变形或已经氧化。

（3）SIM 卡供电中的稳压器损坏。

（4）SIM 卡供电电路中的滤波电容或电感损坏。

（5）SIM 卡时钟信号不正常。

（6）处理器虚焊或损坏。

智能手机中的 SIM 卡，无论大卡还是小卡，卡座都有几个基本的 SIM 卡接口端，即卡时钟（SIMCLKSIMRST）、卡电源（SIMVCC）、卡接地（SIMGND）和卡数据（SMO 或 SIMDAT）。SIM 卡座提供手机与 SIM 卡通信的接口——卡座上的弹簧片，所以，如果弹簧片变形，会导致 SIM 卡故障，显示屏出现"检查卡""插入卡"等提示语。

7.3.1　SIM 卡故障判别

众所周知，GSM 手机用户在购机时会得到一张 SIM 卡或"带机入网"。SIM 是用户识别模块的缩写。因为有了 SIM 卡，手机可以不固定于一个用户。任何一个移动用户用自己的 SIM 卡都可以使用不同的手机。

1. SIM 卡的内容

SIM 卡上包含所有属于本用户的信息。它是一张符合 GSM 规范的智能卡，内容如下：

（1）鉴权和加密信息 Ki（K 算法输入参数之一为密钥号）。

（2）国际移动用户号（IMSI）。

（3）A3：IMSI 认证算法。

（4）A5：加密密钥生成算法。

（5）A8：密钥（Kc）生成前，用户密钥（Kc）生成算法。

（6）呼叫限制信息、缩位拨号信息。

此外，为了网络操作运行，SIM 卡还应能存储一些临时数据，如临时移动台识别号（TMSI）、区域识别码（LAI）、密钥（Kc）。

GSM 手机要想得到 GSM 系统的服务，需要插入 SIM 卡才能使用手机。当然，使用"112"时可以不用 SIM 卡，这在维修中非常有用。如果可以使用"112"，就说明手机的接收、发送电路没有大的故障。

SIM 卡的应用使手机不固定地"属于"一个用户。若手机将别人的 SIM 卡插进去打电话，营业部门只收该卡产权用户的话费。换言之，就是插谁的卡打电话，就收谁的费用。

SIM 卡分为大卡、小卡、超小卡，大卡尺寸为 54mm×84mm（约为名片大小），小卡尺寸为 25mm×15mm（比普通邮票还要小），超小卡尺寸为 12mm×9mm。其实大卡上面真正起作用的还是它上面的一张小卡，小卡上起作用的部分只有小指甲盖那么大的 IC 芯片，超小卡大小只能容纳 IC 芯片。目前流行样式是超小卡。小卡也可以换成大卡，只要购买个卡托就可以了。

SIM 卡是带有微处理器的芯片卡，内有 5 个模块，每个模块对应一个功能：CPU（8 位）、程序存储器（3-8kbit）、工作存储器（6-16kbit）、数据存储器（128～256kbit）和串行通信单元。SIM 卡在与手机连接时，最少需要 5 个连线，它们是电源（VCC）、时钟（CIK）、数据I/O 口（Data）、复位（RST）和接地端（GND）。

2. SIM 卡的使用及维护

个人识别码（PIN）是 SIM 卡内部的一个存储单元，错误地输入 PIN 3 次，将会导致锁卡现象，此时只要在手机键盘上按一串 PUK 码即可解锁。很多用户不知道自己卡的 PUK 码，需要注意，一旦尝试输入 10 次 PUK 码仍然不正确，就会强制烧卡，必须进行更换。设置PIN 能够强化 SIM 卡的保密性。一般情况下不要改动 PIN 码。很多品牌的手机的默认密码与 PIN 码都是固定的。

每当移动用户重新开机时，GSM 系统与手机之间要自动鉴别 SIM 卡的合法性，即和手机对一下"口令"，或称"握手"。只有在系统认可之后，才为该移动用户提供服务，系统分配给用户一个临时号码（TMSI），在待机、通话中使用的仅为这个临时号码，这就增加了保密度。

SIM 卡通过读卡器端口与手机及 GSM 系统联系，使用时要小心，不要用手去摸上面的触点，以防止静电损坏，更不能折叠。如果 SIM 卡脏了，可用酒精棉球轻擦。

3．SIM 卡的故障判别

SIM 卡触点的功能如下：在有触点的一面，从有缺角的一边看，分别为 I/O、VPP、GND，另一边则为 CLK（串行时钟）、RST（复位）、VCC（SIM 卡电源），其余两个触点不使用，各个触点的电性能见表 7-1。目前，SIM 小卡已有卡托，另外也出现了超小卡及卡托，可以自由替换，若手机上用的是小卡，只需将大卡的卡托掰去即可。

表 7-1　SIM 卡触点电性能表

触点		低电平	高电平
VCC			U=+5V(1±10%)，I=10mA
RST		$-0.3V{\leq}U{\leq}+0.6V$，I=200μA	$4V{\leq}U{\leq}V_{CC}$，I=20μA
CLK		$-0.3V{\leq}U{\leq}+0.6V$，I=200μA	$-2.4V{\leq}U{\leq}V_{CC}$，I=200μA
GND			
VPP			+5V(1±10%)
I/O	输入	$0V{\leq}U{\leq}0.4V$，I=1mA	$0.7V{\leq}U{\leq}V_{CC}$，I=20μA
	输出	$0V{\leq}U{\leq}0.8V$，I=1mA	$3.8V{\leq}U{\leq}V_{CC}$，I=20μA

每当开机时，手机都要与 SIM 卡进行数据交流，用示波器可以在 SIM 卡座上测到一些数据信号。没插卡时，这些信号不会送出，但可以用示波器捕捉到，以此判别 SIM 卡电路有无故障。SIM 卡触点电性能表在与 SIM 卡相关的故障中，SIM 卡电源不正常居多，卡故障都是该卡坏了或有虚焊。当然，如果 SIM 卡的供电正常，也不存在虚焊，仍出现 SIM 卡故障，那就需要重写软件了。

7.3.2　卡电路的维修方法

SIM 卡电源有 3V、5V 两种，我们使用手机 SIM 卡通常是 5V。SIM 卡时钟频率是 3.25MHz；I/O 端是 SIM 卡的数据输入、输出接口。当激活 SIM 卡电路时，在 SIM 卡时钟和卡数据接口可以测到脉冲信号形。

卡电路中的电源 SIMVCC、SIMGND 是卡电路工作的必要条件。早期生产的手机设有卡开关，卡开关是判断卡是否插入 CPU 的检测点。有些手机由于卡开关的机械动作，造成开关损坏的很多，现在新型的手机已经避免了上述问题。通过数据的收集来识别卡是否插入，减少了卡开关不到位或损坏造成的问题。卡电源的工作一般都从电源模块完成的，所以这部分只用万用表就可以检测到。

对于卡电路中的 SIMI/O、SIMCLK、SIMRST，全部是由 CPU 的控制来实现的。虽然基站与网络之间的沟通数据在随时随地进行着交换，但哪些是此刻沟通数据往往很难测到。但有一点可以肯定，当手机开机与网络进行鉴权时，必有沟通数据，这时的测试尽管时间很短，但一定有数据。所以，在判定卡电路故障时，在这个时隙为最佳监测时间。

在开机时，正常的手机在 SIM 卡座上用示波器可以测量到 SIMVCC、SIMI/O、SIMCLK、SIMRST 信号，它们都是一个 3V 左右的脉冲。若测不到，说明手机卡电路有故障。

7.4　显示屏故障诊断与维修

在智能手机中，显示电路出现问题的概率较大。这是因为手机随身携带，容易因磕碰造成显示屏破裂等问题。

智能手机时代，大屏幕的显示屏已经成为手机的标准配置，智能手机的显示屏都在 3.5 寸（1 寸≈3.33cm）以上。对于视频、动漫游戏、手机阅读、证券行情等展示类应用来说，大屏幕已成为必不可少的配置。然而，屏幕大也不可避免地带来了一些麻烦。屏幕大再加上处理器基本是吉赫兹级别，这让电池的续航能力大大降低，待机时间基本上不会超过两天。

7.4.1　显示屏成像原理

1. LCD 成像原理

液晶显示器（liquid crystal display，LCD）是目前手机和计算机常用的一种显示器。LCD 的构造是在两片平行的玻璃中放置液态的晶体，两片玻璃中间有许多垂直和水平的细小电极，通过通电与否来控制杆状水晶分子改变方向，使光线折射出来产生画面。

LCD 按照控制方式不同可分为被动矩阵式 LCD 及主动矩阵式 LCD 两种。

物质有固态、液态、气态 3 种形态，液体分子质心的排列虽然不具有任何规律性，但是如果这些分子是长形的（或扁形的），它们的分子指向就可能有规律性，于是就可将液态又细分为许多形态。分子方向没有规律性的液体直接称为液体，而分子具有方向性的液体则称之为液态晶体，简称液晶。

LCD 主要有 3 种，分别是 TN-LCD（twisted nematic LCD，扭曲向列 LCD）、STN-LCD（super twisted nematic LCD，超扭曲向列 LCD）和 DSTN-LCD（double-layer STN LCD，双层超扭曲向列 LCD），其显示原理基本相同，不同之处是液晶分子的扭曲角度。下面以典型的 TN-LCD 为例介绍被动矩阵式结构及工作原理。

TN-LCD 面板通常由两片大玻璃基板，内夹彩色滤光片、配向膜等制成的夹板，外面再包裹两片偏光板组成，它们可决定光通量的最大值与颜色的产生。TN-LCD 的结构如图 7-1 所示。

在正常情况下，光线从上向下照射时，通常只有一个角度的光线能够穿透，通过上偏光板导入上部夹层的沟槽中，再通过液晶分子扭转排列的通路从下偏光板穿出，形成一个完整的光线穿透途径。而 LCD 的夹层贴附了两块偏光板，这两块偏光板的排列和透光角度与上、下夹层的沟槽排列相同。当液晶层施加某一电压时，由于受到外界电压的影响，液晶会改变它的初始状态，不再按照正常的方式排列，变成竖立的状态。因此，经过液晶的光会被第二层偏光板吸收，使整个结构呈现不透光的状态，结果在显示屏上出现黑色。当液晶层未施加任何电压时，液晶在初始状态会把入射光的方向扭转 90°，让背光源的入射光能够通过整个结构，在显示屏上出现白色。TN-LCD 的工作原理如图 7-2 所示。

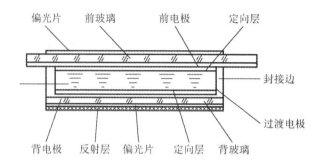

图 7-1　TN-LCD 的结构

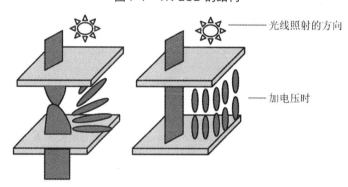

图 7-2　TN-LCD 的工作原理

为了使面板上的每一个独立像素都能产生想要的色彩，必须使用多个散发白光的 LED 作为显示屏的背光源。

2. TFT 成像原理

薄膜场效应晶体管（thin film transistor，TFT）显示屏是指 LCD 上的每一液晶像素点都是由集成在其后的薄膜晶体管来驱动的，从而可以做到高速度、高亮度、高对比度显示屏幕信息。TFT 显示屏采用主动矩阵式 LCD。

TFT-LCD 的结构与 TN-LCD 基本相同，前者是将 TN-LCD 上夹层的电极改为场效应晶体管，而下夹层改为共通电极。TFT-LCD 的切面结构图如图 7-3 所示。

和 TN 技术不同的是，TFT 的显示采用背透式照射方式，假想的光源路径不是像 TN 液晶那样从上至下，而是从下向上。这样的做法是在液晶的背部设置特殊光管，光源照射时通过下偏光板向上透出。由于上、下夹层的电极改成场效应晶体管电极和共通电极，在场效应晶体管电极导通时，液晶分子的表现也会发生改变，可以通过遮光和透光来达到显示的目的，响应时间提高到 80ms 左右。因其具有比 TN-LCD 更高的对比度和更丰富的色彩，显示屏更新频率也更快，故 TFT，俗称真彩。

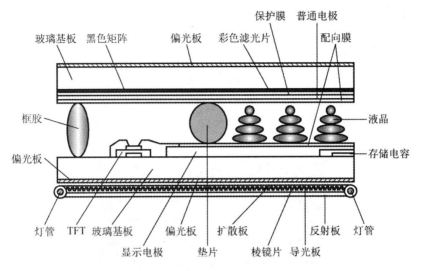

图 7-3　TFT-LCD 的切面结构

相对于 DSTN 而言，TFT-LCD 的主要特点是为每个像素配置一个半导体开关元器件。由于每个像素都可以通过点脉冲直接控制，因此每个节点都相对独立，并可以进行连续控制。这样的设计方法不仅提高了显示屏的反应速度，同时也可以精确控制显示灰度，这就是 TFT 色彩较 DSTN 更为逼真的原因。TFT-LCD 的像素结构如图 7-4 所示。

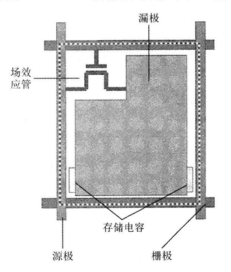

图 7-4　TFT-LCD 的像素结构

由于成本低、环保、色彩艳丽等诸多优点，TFT-LCD 是手机中应用较多的显示器件之一。

7.4.2 显示故障诊断

1. 手机显示故障分析

对于智能手机显示屏显示故障，首先应区分是显示屏与显示屏接口不良，还是显示电路不良，抑或是背光灯问题。一般来说，显示电路的故障率相对较低，显示不良多为显示屏导电橡胶接触不良引起。对于摔过或进水的手机，出现无显示故障则大多为显示屏损坏，如图 7-5 所示。

图 7-5　显示屏显示异常

智能手机显示屏故障的原因一般包括如下几项：

（1）显示屏损坏或显示排线断裂。

（2）显示排线内联座接触不良或显示接口导电橡胶接触不良。

（3）显示屏接口各脚电压不正常。

（4）屏显外部电路不正常。

（5）电源控制芯片、处理器等虚焊或已损坏。

（6）软件故障。

智能手机显示故障有不显示、显示淡、白屏、黑屏、缺笔画、显示颠倒等。出现显示故障时，可通过测显示数据来判断故障的部位。如果显示数据不正常，说明故障在主板控制电路或软件；如果显示数据正常，说明故障在显示屏。显示故障通常是由断线、虚焊、接触不良、显示屏损坏、与显示屏有关的元器件变质损坏、软件出错等原因引起的，可依据所测数据的具体情况，分别检修予以排除。

2. 手机显示故障的检修

智能手机显示故障检修方法如下：

（1）检查显示屏与主板的接口及排线是否正常。显示屏与主板的连接方式有导电橡胶、焊接、簧片、内联座、排线等。检修焊接和簧片连接方式接口时，应注意虚焊和簧片的擦洗及弹性。

在检修并行数据接口的显示故障时，如出现对比度不正常，应重点检查与显示屏相连的电容（产生显示所需的阶梯电压）是否有虚焊、断线、漏电、容量减小等问题。

（2）检查显示屏供电电压是否正常。供电通常用 VCC 或 VDD 表示，一般情况下，供电都是 2.8V 直流电压。除了供电正极，还要检查接地端不能出现断线。

（3）检查显示屏上的所有像素都能受控。只有显示屏上的所有像素都能受控，显示屏才能正确显示所需的内容。

对于串行接口的显示电路，控制信号主要包括 LCD-DAT（显示数据）LCD-CLK（显示时钟）、LCD-RST（复位）3 个信号；对于并行接口的显示电路，控制信号主要包括 8 位数据线（D0～D7）、地址线（ADR）、复位（RST）、读写控制（WR）、启动控制（LCD-EN）等。无论是串行接口的显示电路，还是并行接口的显示电路，这些控制信号出现故障时，一般会出现不显示、显示不全等故障。维修时，可通过测量各控制信号的波形进行分析和判断。在手机开机后，若显示内容变化，一般能检测到这些信号。若无波形出现，说明显示控制电路或软件有故障。

显示启动控制线或显示片选等，一般用 PD-EN、LCD-EN、SCE 或 XCS 等表示，它们是 2.8V 的脉冲信号。

显示数据用 LCD-DAT 表示，采用并行接口的通常用 D0～D7 共 8 条数据线；串行接口为一条，是 2.8V 的脉冲信号。

显示时钟用 LCD-CLK 表示，是 2.8V 的脉冲信号。

显示复位用 LCD-RST 表示，是 2.8V 的直流电压。

显示地址线用 AO 表示，是 2.8V 的脉冲信号。

显示读写控制用 R/W 表示，也是一个 2.8V 的脉冲信号。

显示对比度用 VLCD 表示，调整对比度电压可改变屏显示黑、白深浅的不同程度，是 2.8V 的直流电压。

（4）检查显示屏的对比度电路。有些手机的显示屏还有一个对比度控制脚，由外电路输入的控制电压进行控制，也有些手机的对比度是通过软件进行控制的。当对比度电压不正常时，显示屏会出现黑屏（对比度过深）、白屏（对比度过浅）不显示等故障，此时可通过测量对比度电压、重写正常的软件进行分析和维修。

需要说明的是，对于并行接口的显示屏，当出现对比度不正常时，要特别注意检查和显示屏相连的几个电容。当这些电容不正常时，对显示对比度影响很大。

（5）若主电路板上供电和控制信号均正常，就要考虑显示屏损坏，有条件的可用正常的屏代替进行试验（特别是进水和摔过的手机）。

7.4.3 显示故障维修

在大屏幕手机中，由于屏幕尺寸过大、制造材料特殊等原因，手机出现显示故障的概率非常大。在很多智能手机中，显示电路、触摸电路相互关联，有的还增加了一个专门的电源管理芯片，分别给显示电路和触摸电路供电。

在实际维修中，供电部分引起的问题占的比例相对较大。这是因为显示屏及显示背光电路均采用了升压电路，电压从 5.7V 到十几伏不等，若工作环境恶劣，功率余量就会变小，容易出现问题。

1. 显示电路故障检查

不难看出，显示电路与其他电路工作原理相似，那么在电路故障维修思路上也会有很多

相同之处。下面具体介绍显示电路故障的维修思路。

1）白屏故障

在智能手机中，白屏故障是一种很常见的显示故障，引起白屏的原因很多，下面进行具体分析。

（1）分析引起手机白屏的原因，如是正常使用出现的，还是手机摔过、进水以后出现的，对于不同的问题要进行针对性的分析。

（2）如果手机是在正常使用时出现白屏，则可能是显示屏本身或显示数据传输问题造成的。如果手机是在摔过后出现白屏，则可能是显示屏损坏或显示屏接口虚焊造成的。

（3）对手机的显示接口进行检查，检查显示屏接口周围是否有异常情况，如元器件破损、少件、元器件脱焊等问题。检查或代换显示屏进行测试。

（4）根据确定的故障检查相应的电路，引起白屏故障的原因主要有两个：显示屏本身问题，以及显示数据传输部分。另外，显示供电不正常也可能导致白屏故障出现。

2）黑屏故障

黑屏故障是指手机开机以后显示屏无法点亮，这种情况被客户误以为是不开机问题。这种情况下只要连接个人计算机，用管家软件能看到手机信息就说明手机是可以开机的。智能手机黑屏故障维修重点是检查背光电路。背光电路长时间工作在高电压、大电流的状态下，因此经常会出现故障。

背光电路的重点检查元器件包括升压电感、升压二极管、升压芯片等，一般使用万用表测量，或使用代换法进行判断。

3）花屏故障

花屏也是显示电路的一种常见故障，主要表现为显示屏显示异常，有横条、竖条等，这种故障比较容易识别。产生这种故障的原因主要是摔过、进水、显示屏老化等，根据用户的使用及描述情况进行具体判断。此外，数据传输通路的电感开路也极容易发生在智能手机上，维修时要格外注意。

2. 显示电路故障维修

在智能手机中，显示电路主要由显示屏供电电路、显示背光供电电路、显示数据传输电路、控制及复位电路组成。其他与显示有关的元器件非常多，而且之间有相互关联，任何一个地方不正常都会引起无显示故障。在测量显示电路相关电压时，一定要装上显示屏，否则不会有背光、显示供电输出。

1）背光电路故障维修

使用万用表测量各个电路元器件上是否有供电电压（是否达到工作电压），如果个别元器件没有，则代换或更换对应元器件；如果都没有，则检测供电电路。

需要注意的是，在测量背光电路时，必须装上显示屏测量，否则可能会没有输出电压，这是与其他手机故障检测不同的地方。

2）显示电源电路故障维修

测量电容上是否有供电电压，如果没有，则检测主供电电路；测量显示屏供电电压是否正常；测量触摸供电是否正常，如果不正常，则检查其他部分是否正常；另外，还应检查外部控制信号。

7.4.4　显示故障检修思路

1．无显示故障

此故障现象为显示屏上无任何显示。首先考虑显示屏是否损坏，如果手机显示屏上出现大面积的黑块，显示屏因摔而破裂、划伤等，该类现象无法维修，只能换屏。

如果显示屏外观正常，而又有显示屏可以替换，可以采用替换法检测显示屏是否有问题，这样可以快速缩小故障范围。

若替换的显示屏正常，就要检查显示屏与主电路板连接的接口和排线是否接触不良和断线。如果连接件正常，要检查显示供电、显示势能、显示数据、显示时钟、显示复位信号等是否异常。

2．显示白屏故障

软件和硬件的问题都可能引起白屏故障。先来分析软件问题。判断手机白屏是否是软件问题的方法：若手机开机后正常显示，过几分钟后白屏，就可能是软件问题；若开机就一直白屏，或时而白屏时而显示，基本上是主电路板与显示屏连接的排线或显示座接触不良或断线。软件问题引起的白屏多数是软件性能变差或版本不对所致，只有通过重写软件解决。

下面分析硬件问题引起的白屏故障。硬件问题有两种情障况：一种是开机白屏，但可以接打电话；另一种是白屏不开机。第一种情况多是显示保护管损坏或显示屏本身的问题导致的；第二种情况多是显示电路的故障引起的，如处理器接触不良、损坏或显示屏供电电路的滤波电容、电阻等损坏。

3．黑屏故障

造成黑屏的原因：一是提供的显示电压不正常；二是与显示屏连接的电容出现了虚焊或漏电。

4．显示缺划故障

显示缺划故障一般是显示屏出现了裂痕，应仔细检查显示屏的边缘、角等地方是否有断裂的痕迹，可以用正常的显示屏代替试验。

课后练习题

1．简述智能手机常见故障的分类方法。
2．如果手机不开机应该怎样检查？如何维修？
3．简述手机显示屏故障检查流程。画出流程图。

参 考 文 献

[1] 韩雪涛，韩广兴，吴瑛. 智能手机维修就这几招[M]. 北京：人民邮电出版社，2013.

[2] 张兴伟. 图解智能手机维修[M]. 北京：人民邮电出版社，2011.

[3] 侯海亭，梁亮，王宁. 手机原理与故障维修[M]. 北京：清华大学出版社，2012.

[4] 文恺. 手机维修从入门到精通[M]. 北京：人民邮电出版社，2011.

[5] 阳鸿钧. iPhone 手机故障排除与维修实战一本通[M]. 北京：机械工业出版社，2015.